森林商学园

3 紫貂什么都想买

肖叶 主编　龚思铭 著

郑洪杰　于春华 绘

人民文学出版社　天天出版社

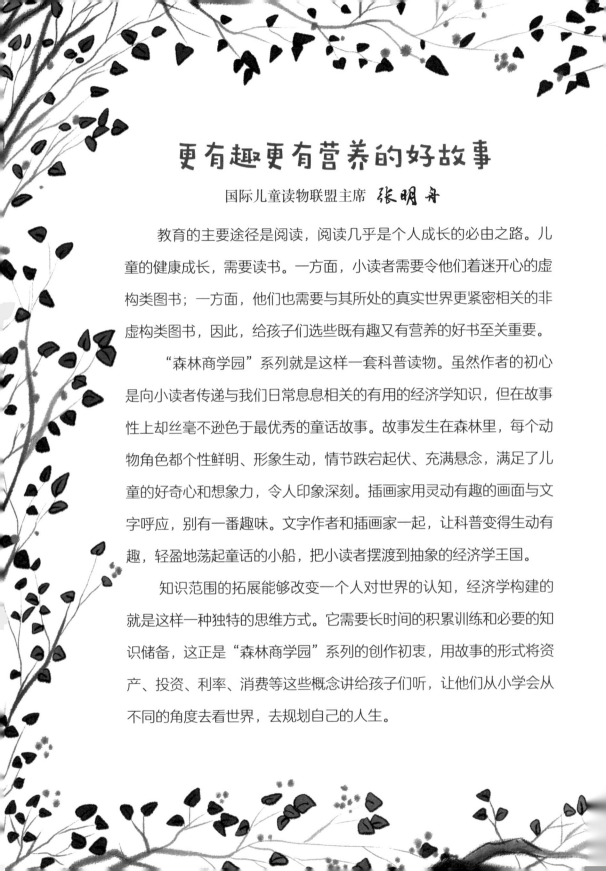

更有趣更有营养的好故事

国际儿童读物联盟主席 张明舟

　　教育的主要途径是阅读，阅读几乎是个人成长的必由之路。儿童的健康成长，需要读书。一方面，小读者需要令他们着迷开心的虚构类图书；一方面，他们也需要与其所处的真实世界更紧密相关的非虚构类图书，因此，给孩子们选些既有趣又有营养的好书至关重要。

　　"森林商学园"系列就是这样一套科普读物。虽然作者的初心是向小读者传递与我们日常息息相关的有用的经济学知识，但在故事性上却丝毫不逊色于最优秀的童话故事。故事发生在森林里，每个动物角色都个性鲜明、形象生动，情节跌宕起伏、充满悬念，满足了儿童的好奇心和想象力，令人印象深刻。插画家用灵动有趣的画面与文字呼应，别有一番趣味。文字作者和插画家一起，让科普变得生动有趣，轻盈地荡起童话的小船，把小读者摆渡到抽象的经济学王国。

　　知识范围的拓展能够改变一个人对世界的认知，经济学构建的就是这样一种独特的思维方式。它需要长时间的积累训练和必要的知识储备，这正是"森林商学园"系列的创作初衷，用故事的形式将资产、投资、利率、消费等这些概念讲给孩子们听，让他们从小学会从不同的角度去看世界，去规划自己的人生。

当今世界，一个人是否懂得理财，懂得做决策，懂得合理安排自己的资产，对其生活的影响是大而深远的，然而"财商"的培养需要一步步的知识积淀。经济学繁杂的原理和公式推导常令人眼花缭乱，阻挡了小读者探索的脚步。"森林商学园"系列巧妙地将经济学概念和原理用日常生活解读出来，即便小学生也能立刻明白。比如资源稀缺性、供给需求与价格的关系等概念，用"物以稀为贵"这样的俗语一点就通；再如，以效用原理来解释时尚潮流，建议小读者用独立思考来代替盲目跟从，专注自己的感受，从而避免受时尚潮流的负面影响等。书中所覆盖的知识不仅不复杂，反而很实用。每个故事结束后，还以"经济学思维方式"（"小贴士"和"问答解密卡"）告诉小读者在日常生活中如何应用经济学知识来思考和解决问题。

　　优秀的儿童文学，必定能深入浅出，举重若轻，使读者在获取知识的同时，提高独立思考与辩证思维能力。"森林商学园"系列正是这样一套优秀的儿童科普文学作品，它寓教于乐，是科普与文学巧妙结合的典范，值得向全国乃至全球的小读者们推荐。

前 言

　　孩子们的好奇心和求知欲表现在方方面面，他们既想了解宇宙和恐龙，也想知道家庭为什么要储蓄、商家为什么会打折、国家为什么要"宏观调控"。而这些经济学所研究的问题既不像量子物理一般高深莫测，也不像形而上学那样远离生活。只要带着求知心稍稍了解一些经济学常识，许多疑惑就可以迎刃而解。

　　除了生活中必要的常识，经济学还提供了一种思维方式，让我们以新的视角去观察世界。生活中面临的许多"值不值得""应不应该"，完全可以简化为经济学问题，无非就是在成本与收益、风险与回报等各种因素之间权衡。当然，生活是如此的复杂，远非经济学一个学科能够解释和覆盖，但是对未知领域的探究心和求知欲，特别是学会如何学习、怎样寻找答案，是比知识本身更加重要的能力，也正是这套丛书想要告诉小读者的。

　　人的认知有多深，世界就有多大。知识越丰富，人生体验也就越多彩。希望本套丛书所介绍的知识能为小读者提供一个全新的视角，有助于大家以更开阔的眼光去观察我们的社会、了解人类的历史和现在。同时也希望本套丛书能成为一扇门，引领小读者进入社会科学的广阔世界。

作者

认识森林居民

松鼠京宝

身手矫健,聪明勇敢,号称"树上飞"; 对朋友非常真诚,与白鼠 357、刺猬扎克极为要好。

白鼠 357

从科学实验室里逃出来的小白鼠,编号 UM357(即 Ultra Mouse——超级老鼠 357 号);一场暴风雨中,随着一道闪电从天而降。在冰雪森林里,大家都叫他 357。

刺猬扎克

平时迷迷糊糊,但灵感爆发时,常有好点子。

蓝折耳猫芭芭拉

血统纯正的英国蓝折耳猫，热爱时髦，态度傲慢，给冰雪森林带来了比"芭芭拉风潮"更大的麻烦。

紫貂瑶瑶与紫貂琪琪

经营着"紫貂小姐"包包店；姐姐瑶瑶技艺精湛，性格安静沉稳；妹妹琪琪年幼任性。

狍子阿皮

两耳不闻窗外事，一心只想飞上天，心怀梦想，坚毅勇敢的狍子。

老鼠杜花生

城市地下特工队长，清瘦儒雅，仗义英雄，在动物江湖中很有威望；爬上城市街心花园的路灯，用灯影手势和 B-box(节奏音乐口技) 就能够召唤出地下特工，这支由城市老鼠组成的特工队拥有遍及全城的消息网。

猴蹿天

身世依然成谜的江湖侠客；既会犯错，也会将功补过；本回故事中继续展示精彩绝伦的口技。

目　录

1 不速之客

冰雪森林的居民都知道，在天空中飞来飞去的除了鸟，还有风。

风是个怪脾气的家伙，有时候它挺调皮，在你身边转来转去，伸手抓你的毛发，等你回头也想抓它一把，它却不见了；有时候它挺安静，在林子里住上一夜，不出一点声音，要不是在歇息的地方留下了露珠，谁也不知道它来过；有时候它又凶巴巴的，呼啦啦地冲进林地，

像千军万马似的，把枝枝蔓蔓杀得片甲不留……

风总是这样喜怒无常，森林居民们早就习惯了。有那么一段时间，风的脾气很暴躁，把树叶撕了一地，连太阳都被它气得跑远了！于是夜越来越长，水越来越凉。

清晨的河岸边，松鼠京宝和刺猬扎克正在等待 357 归来。京宝的毛发被晨露沾湿了，他在风中打了个寒战。

京宝一边不停地抖毛，一边抱怨道："怎么会有这么多露水？"

"风几乎把森林里的水都喝干了，叶子里的水也跑到风里去了！"扎克咯咯地笑道。

果然，风一靠近水面就现了形，凝结成苍苍白雾。当白鼠 357 划着小船返回冰雪森林，他感觉自己仿佛在云间穿行。等到太阳升起，冰河上的雾气才开始慢慢散开，京宝和扎克终于看见 357 腾云驾雾般地出现了。

357 的桦皮船装得满满的，所以吃水很深，不知道他从城市老鼠那里换来了什么好东西。

"谁？！"京宝嗅觉十分灵敏，他在风中嗅到了奇怪的味道。357 和扎克也警觉地四处张望，可河面上的雾还没有完全散去，什么也看不清。

"真见鬼，我也觉得一路有谁跟着！"357 跳上岸，把桦皮船系在河边的树上。

"可能是猴蹿天吧！"扎克安慰道，"别担心，御林军就在附近。咱们快回'鼠来宝'，还是家里最安全。"

"森林三侠"将桦皮船里的货物装上小车。一对巨大的金属翅膀引起了京宝的好奇。他想，这是给老虎奔奔带的礼物吧？

357 感觉那奇怪的味道也一路跟着他回到了"鼠来宝"。这是一种无法形容的气味，既熟悉又陌生。那的确是毛发散发的气味，却又混着些人类的味道，虽然有花草树木的清香，但又有点刺鼻。他们三个仔细地检查了刚刚带回来的货物，确定并没有混入奇怪的东西。

正当 357 感到疑惑不解时，门外一声猫叫吓得京宝一个筋斗翻上了露台。原来 357 的直觉没错，的确有只猫咪一路尾随，跟他回到了冰雪森林。猫咪在"鼠来宝"门外鬼鬼祟祟地张望时，被空中御林军猫头鹰捕头逮了个正着！

这是一只蓝灰色猫咪，只不过——除了脸蛋，从头到脚都被层层叠叠的紫色丝绸包裹着，凡是能做装饰的东西都堆在身上了，闪闪金光跟阵阵香气一样，刺激着大家的感官。可惜华丽的装饰并没有带来美感，猫咪蹲在林地上的样子，活像一朵正在融化的奶油花。

"难怪你确认不出味道，"京宝朝 357 喊道，"这家伙裹得可真严实！"
看她那精致讲究的打扮，不像是野猫，而且，有御林军在，京宝不怎么害怕了。

357 和扎克也爬上露台，好奇地望着门口的"奶油花"。

"奶油花"翻着红铜色的大眼睛，猫里猫气地说："乡巴佬，真没礼貌！"

好嚣张的家伙！扎克气得直跺脚："你是谁？从哪里来的？偷偷摸摸，
还口出狂言，这是你的礼貌吗？" 357 和京宝想要安抚扎克，却不敢碰他。

没想到，"奶油花"毫不示弱："喂，白老鼠，你还不知道吧？你被那群耗子给骗了！你带进城的东西虽然土，勉强还算能吃；那群耗子换给你的，可都是没用的东西，在我们城里，叫'垃圾'！我呀，不仅美丽，而且善良，为了提醒你，才一路跟你到这里。哼！还不谢谢我？""奶油花"因为包裹得太严实，除了眼睛和嘴巴，只有尾巴在不停地动。

357彬彬有礼地回答道："谢谢你的好意。那些东西对你来说可能没用，可在我们森林里，却是好东西。"

不知道为什么，外面来的家伙总是十分傲慢，猴蹿天这样，"奶油花"也是这样，仿佛外面的一切都比森林里好。可是既然如此，他们为什么还要到冰雪森林来呢？

"奶油花"对树上的猫头鹰喊话："喂，别跟着我了！"看来"奶油花"还没打算离开。

猫头鹰捕头问："你叫什么名字？从哪里来？准备停留多久？"

"我是来自英国的高贵的芭芭拉女伯爵，屈尊来冰雪森林度个假。"原来"奶油花"有名字，她叫"芭芭拉"。

"你不是从城里一路跟着我来的吗，怎么又成英国来的了？"357感到疑惑，"难不成我昨晚也跑到英国去了？"

"No（不）！No！"为了证实自己的出身，芭芭拉耸耸肩膀，歪着头，摆出一副西洋派头。

"我的祖先来自英国，我的血统纯正，身份高贵，跟你们这些乡巴佬不一样。看看我这身衣裳，"芭芭拉指指身上的丝绸，"真正的东方丝绸，手工刺绣。手工懂吗？是人类的手，一针一针绣上去的，很贵的呀！"

扎克撇撇嘴："手工有什么了不起？我们森林里的好东西，哪一样不是手工的？喏，这虫虫脆，就是我手工做的。"扎克自豪地举起自己做的小零食。

"哼，你连手都没有，怎么能叫手工？你的爪子也就能捉捉虫子，刺绣？还是算了吧！"

"什么丝绸刺绣的，我们森林里不讲究这个！"扎克嗤之以鼻。

"No！No！你懂什么！这叫 fashion（时尚）！"芭芭拉生气了，"普通的城里猫根本就穿不起带手工刺绣的丝绸，更戴不起宝石。你们知道这些东西多贵吗？要花很多很多的钱！"

"你没有毛吗？"京宝问，"干吗花钱把自己弄得这么丑！穿这些东西多难受，活动也不方便。你看起来没一点猫样子，我看人类是拿你当布娃娃，打扮着玩。"

"哼！"芭芭拉生气地把丝绸帽子甩在地上，露出两只奇怪的耳朵，"乡巴佬懂什么美丑！"她接着脱下身上的丝绸外套，"不就是毛吗，谁没有，有什么稀罕！"

她这一脱，大家倒吓了一跳！难怪她把自己包得严实，原来她一身的毛被人剃去了大半，除了头和爪子，只有脊背正中还有一条毛发。可就这仅存的毛发，还被剪成一块一块的，和尾巴连起来看，就像是一大串冰糖葫芦。

这就是城里的"时尚"吗？"森林三侠"感到难以理解。

垃圾还是宝贝，谁说了算？

芭芭拉认为357从城里带回来的东西是垃圾，也就是我们常说的——没用的东西。可是357却认为，这些东西或者能吃，或者能玩，或者能用，是有用的。想一想，为什么会出现这样的差别呢？

我们在判断一种物品或行为好不好、值不值或者有用没用时，常常是用自己的主观偏好作为衡量标准。经济学中用"效用"这个概念来衡量某种物品或行为给人带来的满足程度。同样的事情，对不同的人来说，"效用"可能是千差万别的。经济学家们认为，大多数人的行为准则是为了获得最大的效用。也就是说，人通常会以获得最大满足感、幸福感为目标来做决定。

所以，垃圾还是宝贝？"效用"说了算！如果一件物品、一种行为或活动，能给人带来幸福感和满足感，那么至少对这个人来说，它是好的、有用的，甚至是宝贝。

虽然效用很难像价格一样用数字来衡量，但是这不妨碍你找到自己的"最大效用"，并且用它来考虑问题：

假设你最喜欢吃水果蛋糕（效用最大），最讨厌吃奶酪蛋糕（效用最小）。这一天，奶酪蛋糕半价，而水果蛋糕却不打折，怎么办？

很明显，按效用最大化标准来做决定的话，你应该选择水果蛋糕，因为它原价基本合理且给你带来的满足感远超过奶酪蛋糕。

现在，多想一步：有没有比吃水果蛋糕更令你快乐和满足的事？比如，你正为了一件心爱的玩具存钱。多存一点钱、离梦想更近一步的快乐甚至压倒了水果蛋糕，那么你最好的选择是什么都不买，或者退一步，选择没那么喜欢但可以多存一点钱的奶酪蛋糕。

你看，效用虽然很难用数字衡量，却很容易排序。做决定时，你只要在心里给各种选择排排队，然后挑一个"效用最大"的就好了！

问：芭芭拉说的"垃圾"，真的一点用也没有吗？

问：越贵的东西效用越高吗？

问：对一个人来说，效用是不变的吗？

2 贵族猫的幸福

　　现在，大家有些心疼芭芭拉了。357 同情地说："怎么弄成这个样子，还是把你那手工刺绣的丝绸衣服穿起来吧，光着多冷啊……"

　　没想到芭芭拉并不领情："哼，乡巴佬，没见过世面！这可是今年最时髦的发型——恐龙 style（风格），给你们开开眼。"

"做猫咪不好吗？搞什么'恐龙 style'，你见过恐龙吗？"扎克听鸟儿们说过，他们的祖先叫"恐龙"，可就算鸟儿们自己也没有见过。

京宝提醒她："冬天就要来了，没有毛，你会冻坏的。"

"哼，我是血统高贵的芭芭拉女伯爵，需要怕这个、怕那个吗？在我们城市里，冬天也是暖暖的，夏天也可以凉凉的。我不愁吃喝，也用不着担心风吹雨打。家里的无毛两脚兽们，轮流伺候我。我想吃就吃，想玩就玩，想睡就睡，别提多幸福了！"芭芭拉有时候管人类叫"无毛两脚兽"，好像在人类的世界里，她才是老大。

京宝好奇地问："你不用工作吗？"

"贵族猫才不要工作，无毛两脚兽把我们伺候得很好。我就这样，摆几个可爱的姿势，就把他们乐得不行，加倍宠爱我呢！"芭芭拉摆了几个姿势，京宝并没觉得有多么可爱，只觉得她的样子跟小老虎差不多。可即便像奔奔那样漂亮的小老虎，无论他摆什么样的姿势，从来没人类夸他"可爱"，反而吓得拔腿就跑。"两脚兽"还真是奇怪的生物啊！

"那你不好好在家待着，到森林里来干什么？我们这里冬天很冷，夏天很热，不劳动就要饿肚子，也没有两脚兽专门伺候你。"扎克没好气地说。

芭芭拉伸了个懒腰道："最近城里流行去乡下'农家乐'，我听喜鹊说你们这儿还不错，来随便瞧瞧。"

太阳爬得越来越高，已经有森林居民来"鼠来宝"购物了。357 对芭芭拉说："那你就慢慢瞧吧，我们得开始工作了！"

扎克在店里招待顾客，357 和京宝在地下仓库整理新带回来的货物。京宝感到 357 似乎不太开心，或许，芭芭拉的到来让他想起自己在人类世界那段恐怖的经历了吧。京宝也听麻雀们说过，人类对动物通常并不是一视同仁的，比如同样是鸟儿，喜鹊就比乌鸦受欢迎。芭芭拉能受到人类的宠爱，357 却要被关起来做实验。京宝为 357 感到难过，想要安慰他。

　　京宝温柔地说："357，我和扎克会永远陪着你。咱们一起劳动，一起玩，

自由自在的，也很幸福，对吗？"

357 很快明白京宝的意思，他笑着说："谢谢你，京宝，我并不是为自己难过，我的确很幸福。"

"那你为什么不说话了？"

357 问："你看见芭芭拉的耳朵了吗？"

"看见了，很奇怪。我见过的猫咪，耳朵都是尖尖的，可她的耳朵好像被压扁了，趴在头顶上，怪怪的。"

"没错，她是一只折耳猫。我在实验室的时候，听说过折耳猫的一些事。因为一些人很喜欢他们的样子，所以就专门挑选扁耳朵的猫，再培育出更多有同样特征的猫。他们甚至让猫耳朵上的折痕，从一处

变成两三处，最终，就变成芭芭拉的样子，脑袋圆圆的，好像没长耳朵一样。
芭芭拉虽然傲慢，可是她并没有说谎，她的确血统纯正，因为她的祖先折耳，
她才会折耳。她是不是'高贵'我不清楚，不过按照人类的标准，她比一般的
猫'贵'是一定的。"

　　"既然人类喜欢她，你干吗还为她难过？她的生活那么幸福，咱们应该
为她高兴才对呀？"

　　"嗯，她的确是只幸运的折耳猫，能遇到爱护她的人类。可是京宝，实

验室里的人也说过，猫咪之所以会折耳，原本是因为疾病，甚至可以说是一种先天性残疾。你想想看，耳朵也是骨骼的一部分，所以折耳猫全身的骨骼也和耳骨一样，很容易出毛病。他们的四肢关节，甚至尾巴，一旦发病会慢慢变得畸形、僵硬，不仅使他们难受，还会行动不便；一旦肋骨也出问题，可能连呼吸都会疼痛……"

在京宝看来，大口呼吸冰雪森林新鲜纯净的空气是最幸福的事情之一。呼吸仿佛是理所当然的，以至于他常常会忘记自己在呼吸。他用爪子把自己的口鼻捂住，尝试一下无法呼吸的感觉。才一会儿工夫，他就难受得要流泪了。他简直无法想象，全身关节疼痛，行动不便，呼吸又不顺畅的生活是怎样的一种折磨。京宝本来想安慰357，可他比357更难过了。

现在，357要反过来安慰京宝了："你刚才看见芭芭拉的尾巴了吗？"

京宝点点头："跟你带回来的冰糖葫芦似的。"

"我是说，她的尾巴很灵活，一边说话一边甩来甩去的，这说明她现在

还是非常健康的，而且她的人类那么爱她，一定会给她很好的照顾。即使她将来生了病，或许实验室早就研究出治病的药呢？所以，你也别难过啦！"

"嗯。"京宝听到这些，稍稍觉得宽慰。在最严酷的暴风雪中，在最毒辣的太阳下劳动时，他也曾感到痛苦。可是，雪花和阳光也给他带来过快乐。除此之外，他还有健康灵活的身体、喜欢的工作、心爱的朋友、美味的松果、新奇的玩具……

京宝默默地想："我多么幸福啊！"

为什么会出现追捧名猫名犬现象？

芭芭拉是一只血统纯正的蓝折耳猫，模样可爱，性格稳定。像她这样的猫咪，在宠物市场上的确是很受欢迎的。

猫和狗被人类驯养的历史很长，早在农耕社会时期，它们就与人类共同生活，担当捕鼠和看家护院的工作。如今，猫和狗作为受大家

喜爱的宠物，有许多不同的品种，比如布偶猫、贵宾犬等。不过，这些品种大都不是自然选择，而是人工选择并培育而成的。如同培育蔬菜和水果一样，人类也按照自己的喜好和需要，让猫狗变成今天的各种模样，还制定了各种"标准"，给它们的外表评分。越是稀有的品种、完美的品相，价格就越昂贵，但依旧受人追捧。说到底，还是"物以稀为贵"的观念导致的。

从供给和需求的角度来说，市场价格本身是合理的。但是，除了缉毒犬、搜救犬、导盲犬等工作犬需要特别培育，为人类的特殊喜好而繁育特定外形几乎是没有必要的。对动物本身来说，甚至可能是一场灾难，比如折耳猫、斗牛犬、茶杯犬等，由于基因缺陷，常常受到疾病的折磨，寿命也比较短。在自然选择中，动物们不利于生存的特征会逐渐被淘汰，留下健康的基因，而人类的干预偏偏使那些不健康的基因延续下来了。许多人用昂贵的价格购买了纯种宠物，又因为疾病等各种原因遗弃它们，这种行为应当反思。

名猫名犬的价格为什么贵？

连357都知道，芭芭拉的价格一定很贵。因为按照人类制定的标准，繁育出品相完美的猫狗是不容易的，需要耗费许多物质和时间成本。高昂的繁育成本，是名猫名犬价格昂贵的原因之一。

另外，我们已学习"供给—需求"这对经济学概念。也就是说，市场上如果需求旺盛，自然就会有供给。正因为人们喜欢品种宠物，才会有人追逐利润，不断繁育。买的人越多，供给相对有限，价格会越高。

如果大家都不再追求"品种""品相"，而是平等地善待这些小生命，或许，带着痛苦度过短暂一生的小可怜就会少一些。如果你家里有小动物，请记得，无论价格高低，是否"纯血"，它们都和人类一样，是鲜活的生命。它们有感情，懂得痛苦和快乐；它们的生命或许不长，但会给你带来许多幸福和欢笑，愿你能珍惜相互陪伴的时间。

25

1

问：血统纯正的猫狗价格昂贵，是因为它们比普通猫狗更可爱吗？

2

问：折耳猫基因有缺陷，为什么还有人专门繁育？

3

问：如果大家达成一致，拒绝购买折耳猫，那会怎样？

3 芭芭拉风潮

357和京宝为芭芭拉难过，可是芭芭拉自己似乎什么也不知道。她披着丝绸外套，大摇大摆地在林地里闲逛。森林居民们对芭芭拉的一切都充满好奇，探头探脑地观察她。

她的衣裳真漂亮，在阳光下闪着银光，像把晚霞披在身上一样。外套上的刺绣色彩缤纷，像雨后天空挂起的彩虹。她的头颈和手臂上挂着金银珠宝，

这些东西冰雪森林里也有，可怎么一挂在她身上，就变得光彩夺目了呢？她的毛发虽然所剩无几，可是剩下的每一根都柔软光亮，散发着淡淡的香气。她也不像森林居民们一样打赤脚，而是穿着精致的靴子。她手臂上挎着的包包和外套、靴子、帽子、配饰构成了奇妙的"撞色"，活泼而不沉闷。

　　芭芭拉在人类世界学到了"平等"观念，因此对所有森林居民都"一视同仁"，通称"乡巴佬"（显然没学明白）。森林居民虽然不太高兴，却也不得不承认，跟精致到指尖的芭芭拉比起来，他们不修边幅的打扮，乱糟糟的毛发，不拘小节的举止，的确显得有些"土"。

幸好，"土"并不是什么了不得的毛病，没有比赶时髦更容易的事了。只要选择一个"榜样"，依葫芦画瓢不就得了？何况这个"榜样"是现成的。

　　于是，不知从哪儿先吹起，"芭芭拉风潮"横扫森林大地。从穿着打扮、配饰造型到言行举止，森林居民们从头到脚都要模仿芭芭拉。他们觉得哪怕稍微沾上点"潮流"的边，自己就脱离了"土"的行列，可以趾高气扬地嘲笑别人是"乡巴佬"。

　　受"芭芭拉风潮"影响的还有鼹鼠矿工，本来他们挖出的那些透明彩色石头没什么用处，现在突然成了"宝石"，尽管不停地涨价，大家还是愿意

排着队购买。连御林军地下部队的鼹鼠捕快们都恨不得辞工，做回挖矿的老本行。至于金银，原本已经变成金银币来替代数量越来越少的贝壳，现在又多了打造首饰的需求，更加不够用了。为此，不少兔子也改行去挖矿了。

除了衣裳、宝石、鞋子、包包这些"身外之物"，最受欢迎的当属芭芭拉的奇特造型，森林居民们个个跃跃欲试。所以，冬季将近，"狸猫记"理发馆的生意反而热闹起来，大家一反常态地要在秋天把自己剃成半秃，还学着芭芭拉的语气，点名要"恐龙style"。

这可把"狸猫记"老板狸拖泥开心坏了！他不仅有求必应，还发动全体狸猫理发师开动脑筋，设计新造型。当然，不单造型要洋气、时髦、新潮，理发师们自己也得紧跟潮流。狸拖泥经过芭芭拉的指点，给自己和理发师都改了名字。他从此再也不是"土气"的"狸拖泥"了，改叫"拖泥·狸"。其他狸猫发型师也一律改名，于是出现了"担泥·狸""捡泥·狸""翻泥·狸""喷泥·狸"等这些奇怪的名字。

在"恐龙style"的启发下，"狸猫记"的理发师们灵感如泉涌，参考从"鼠来宝"买回来的画册，活用洗、剪、吹、染、烫等各种技术，设计出了亚马孙鳄鱼式、草原雄狮式、雨林鹦鹉式、高原羊驼式等大家没见过的造型。还有莫名其妙的、专在脑袋上做文章的西瓜头、凤梨头、南瓜头……总之，冰雪森林一夜之间变成了"怪物公园"，连互相打招呼都得靠自报家门才知道对方是哪一位。即便如此，老板拖泥·狸还在不停地创新，他发誓要让冰雪森林的居民都走在"时尚的尖端"。

　　老虎奔奔最终也没抵挡住潮流的诱惑，染了一身红毛不说，还剪了个据说是最新潮的"北美红雀式"发型。据拖泥·狸介绍，这款发型灵感来自生活在美洲大陆上一种叫作"红衣主教"的小鸟，十分漂亮。

　　"要不要去'时尚的尖端'走走？""鼠来宝"里，奔奔得意地展示他的新发型，还鼓励"森林三侠"也去"狸猫记"换个形象。

　　"算了，我怕被'尖端'扎着！"京宝对自己天生的造型挺满意，不打算追赶什么潮流。

扎克摇摇头说："我也不用了，你看我，浑身都是'尖端'。"

357看见奔奔因用了冒牌货"大花神露水"掉光的毛还没长全，又理了个奇怪的"北美红雀式"，笑得直不起腰。好不容易止住笑，他问道："奔奔，这次给你带的新玩具喜欢吗？"357从城市老鼠那里换来了一对滑翔翼，仔细修补完整，送给了奔奔。

奔奔笑着说："喜欢得不得了！我搞的这个新造型就是为了它！我跟阿皮今晚就试飞，你们等着看好戏吧！"

阿皮是冰雪森林里的一只狍子，咱们之前没说起他，是因为他的全部精

力都用在了一件事上——飞。不管是赶集还是放河灯，森林委员会投票还是赚贝壳，他通通没兴趣。除了填饱肚子，他整天都在做"飞行梦"——用树枝给自己造翅膀，一心想飞上天。阿皮自家领地上的枯树枝用光了，就大着胆子跑到河对岸的山上，继续造翅膀。而奔奔本来就是最爱玩的，现在他有了一对滑翔翼，这下，阿皮的飞行不再孤单了。

　　357 带回来的巨大"翅膀"经过细心修补，看起来似乎比原来还要结实。这是人类设计的"悬挂式滑翔翼"，巨大的"翅膀"下面，还有一副三角形金属支架。看样子，人类就是把自己悬挂在这副金属支架上，用身体控制方

向的。这副滑翔翼让狍子阿皮对人类的智慧惊叹不已，用金属制作的骨架，既轻便又结实，他自己用树枝扎的"翅膀"，虽然样子已经十分接近，但是在性能上还是无法相比呀！

奔奔也对飞行向往已久，得到滑翔翼后，迫不及待地央求阿皮带他一起飞。上山的一路，奔奔都很兴奋，不停地跟阿皮说，待会儿要来个"跃升滚转"

加"下滑滚转"。可是等他真的到了山顶，看到整个冰雪森林尽在脚下，反而吓得说不出话来了。奔奔只好决定暂时放弃"比翼双飞"表演计划，让飞行经验丰富的阿皮操控滑翔翼，带着自己一起飞。

　　阿皮是一只强壮的狍子，从肌肉的线条就看得出，他训练有素。他的一对眼睛炯炯有神，而身上的伤痕是他上百次飞行实验的勋章。阿皮从小就幻想，有一天自己能长出一对翅膀，像雄鹰一样乘风飞翔，在蓝天白云间自由来去，俯瞰美丽的森林家园。他不断地学习、实验，研究了小到山雀、麻雀，大到猫头鹰、老鹰，以及几乎所有鸟族居民的翅膀，然后不断改进他自己的"翅膀"，无所畏惧地在各种天气试飞。冰雪森林的居民都

知道，若是有什么东西突然从天而降，挂在

树上，掉在水里，或者把地面砸出个坑，那多半就是阿皮在试飞了。

　　人类的滑翔翼虽然设计精巧，结构扎实，可是根据阿皮的经验，带奔奔一起飞可能要超重："要不咱们还是按原计划吧，我还是用自己的这副'翅膀'。人类造的东西虽然不错，可是我们俩一起，会不会太重了？"

　　"不重不重！"奔奔生怕阿皮丢下他自己飞走，"357说，人类制造的飞机，可以装几百个人、几十吨货物呢！"

　　飞机能承装人和货物，那是因为有燃油提供动力，而357带回来的这副装置则属于无动力滑翔翼，全靠飞行员的经验技巧。他们两个……真的能行吗？

人们为什么喜欢追逐"时尚"和"潮流"？

芭芭拉掀起的时尚潮流，跟我们生活中的时尚潮流其实大同小异，都是指在一段时期内，在一个群体内普遍流行，而且被多数人效仿的行为模式，既包括物质方面，如衣食住行，也包括精神层面，如文化娱乐等等。

时尚原本是一种社会心理现象，它反映了人类的好奇心和追求新鲜事物的本能，同时也是人类从众行为的一种表现。也就是说，每个人都想要与众不同，同时又怕被群体抛弃，心理是复杂而矛盾的。

时尚潮流的特点之一是时效性，就像几年前火遍大江南北的"神曲"，今天可能已经算是"老歌"了。是否追逐时尚完全是个人选择，你完全有权利选择不受潮流的影响，坚持自我；当然，你也可以和大家一样"赶时髦"。但是过度追求时尚，甚至为某种时尚潮流而疯狂就没有必要了，毕竟时尚的特征之一就是"时效性"，你今天为之疯狂的时尚，或许过一阵子就变成"过时"和"老土"了呢！

从经济学角度看，有没有必要追赶潮流？

许多森林居民受到潮流的影响，开始模仿芭芭拉。"森林三侠"和阿皮就比较有"定力"，依然做自己的事情。可见，是否追赶潮流，完全可以自由选择。

如果你对价格比较敏感，可能会注意到这样一个现象：一款新的电子产品刚刚进入市场时价格是非常昂贵的，即便如此，还有人彻夜排队也想得到它。可是过了一段时间之后，它就变得不那么紧俏了，甚至还会打折。

这就是商家利用人的心理制定的营销策略。有些人是狂热的潮流爱好者，喜欢用最新鲜、最时髦的东西，因此他们愿意多花一些钱，排着队去追赶潮流。也有一些人对时尚不太敏感，更在乎性价比和实用性，他们会等到潮流过去后，买打折产品。如此一来，商家赚到了钱，潮流爱好者最先用上了新产品，不赶潮流的人也用较低的价格买到了好东西，大家都很满意。

那么从经济学的角度来看，为了追赶潮流多花了这一部分钱值得吗？别忘了，我们讨论过的"效用"。对于有些人来说，多花一点钱就能用到最新款的产品，获得极大的满足感，是非常值得的。而对另一部分人来说，只需要忍耐一阵，就能用很低的价格买到同样的产品，更令他开心。你看，大家对"效用"的定义完全不一样，做出的消费决策也就不同，很难用简单的对错来评价。关键问题是，消费应当与收入水平相匹配，一定要懂得理性消费。

1

问: 不跟随时尚潮流就一定是"老土"吗?

2

问: 为了用上最新的电子产品, 多花一点钱, 值得吗?

3

问: 鼹鼠矿工挖出来的宝石不断涨价, 销量为什么没有减少?

4 偶遇飞行员

阿皮朝森林里看去，乌鸦导航员此刻应该报告天气信号了。可他等了好一会儿，才看见一只肥喜鹊从树尖上飞起，在空中画了几个符号。

奔奔有点紧张："这家伙靠得住吗？"

阿皮也觉得有些奇怪，不过，符号至少没问题，"肥喜鹊"的信息表示：云层薄、风速低，地面有热力上升气流，山坡有动力上升气流——是飞行的好天气！

　　"好！咱们准备出发！"阿皮决定冒险一试。奔奔把自己绑在金属架上，双臂紧紧抱住阿皮。

　　"一、二、三，飞！！！"阿皮用强健的后腿助跑，在山崖上使劲儿一蹬，从雪山顶滑翔而下。

　　"哇！太棒啦，阿皮！"奔奔终于飞起来了，耳边呼啸而过的风，头顶迅速倒退的云，身下色彩斑斓的森林，让他很快忘记了害怕，他真想永远这样飞下去。

　　阿皮朝奔奔喊道："奔奔，这滑翔翼太棒啦！以后咱们也可以像鸟儿一样自由飞翔啦！"

"哦吼——飞翔简直太酷啦！"奔奔有些得意忘形，双臂抱得没有那么紧了。恰在此时，一股气流蹿上来，奔奔被冲得晃了一下。这一晃不要紧，滑翔翼失去了平衡。偏偏此刻他们正在森林上方，失去了山坡的上升气流，单靠地面热力气流不足以支撑狍子加老虎的重量。这下，倒是实现了奔奔要"跃升滚转"加"下滑滚转"的豪言壮语了！

滑翔翼带着阿皮和奔奔，像没头苍蝇似的在空中狂舞，终于俯冲而下，在森林上方一路翻滚，最后成了自由落体，垂直掉了下去。幸好他们坠落的地方是一片茂密的红松林，滑翔翼先被粗壮的松枝截住，才跌跌撞撞地落地。

奔奔小声哼哼着："哎哟哟，屁股好痛！"

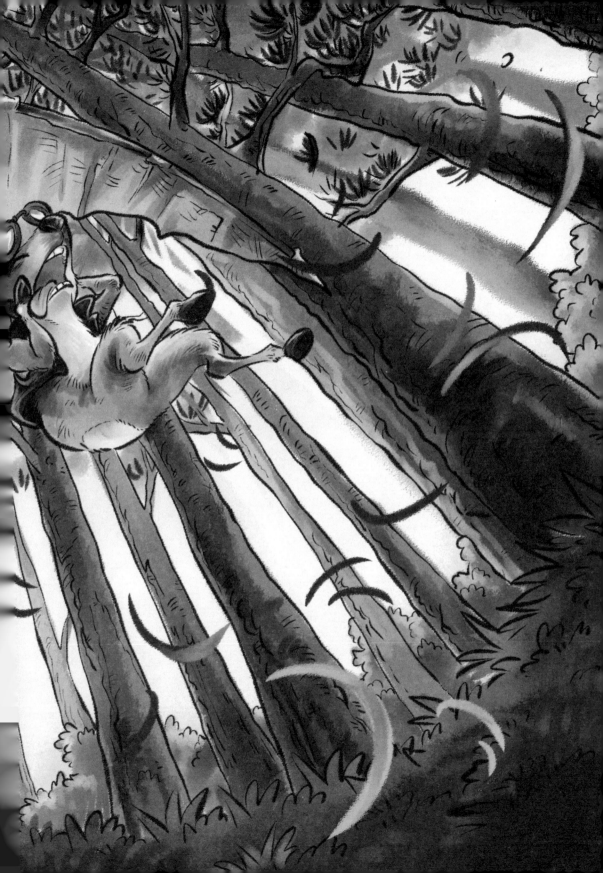

确认过奔奔并没受伤，阿皮赶紧爬起来检查滑翔翼。阿皮也挂了彩，不过对他来说，疼痛没有滑翔翼重要。

　　"天啊，弄坏啦！"红松树上，芭芭拉惊叫道。

　　阿皮还算乐观："谢谢关心！不过还好，简单修一下，还能飞！"

　　"谁关心你了！喂，你是从哪儿冒出来的？我是说，你刚刚把我的丝绸弄坏了！"原来阿皮降落时，芭芭拉恰好在红松旅馆落脚，她才刚上树，巨大的滑翔翼就与她擦身而过，不仅拽掉了她昂贵的丝绸外套，连她自己也险些被拽下树来。

　　"对不起！对不起！"阿皮赶紧道歉，"是飞行事故，你没伤着吧？"

　　"嘿！那你有没有看见我们精彩的飞行表演啊？"奔奔的兴奋劲儿还没过，"超级'下滑滚转'你看到了吗？这可是高难度动作！"

芭芭拉更生气了，她站在树上喊道："我不懂什么超级滚转，倒是看见两个超级笨蛋摔得落花流水。好好的地不走，上什么天呢？我问你们，弄坏了我的丝绸怎么办？"

　　"丝绸？"阿皮有些好奇，"穿上能飞吗？"

　　芭芭拉没好气地说："丝绸就是丝绸，怎么能飞！"

　　阿皮说道："那就不是什么稀罕玩意儿，我们给你补补。"

　　奔奔态度十分诚恳地说：

"对不起啦，我保证补得漂

漂亮亮！"

"哼！真讨厌，跟白老鼠店里的家伙们一样不识货！你看看这手工刺绣，"芭芭拉指着被划破的刺绣，那是一片粉红色的爱心形状，"这是人类在表达对我的爱，现在弄坏了，你们赔得起吗？"

阿皮凑近看个仔细："原来这个形状代表的是爱？"

"没错，没有这个'爱心'的符号，爱就没有了，人类……就不爱我了……"芭芭拉话没说完，就伤心地哭了起来。

"哎呀呀……别哭，别哭嘛……"阿皮一下子慌了，"这样的'爱心'我也有啊，我把我的送给你好不好？"

芭芭拉忽然止住哭声，奔奔也一样好奇，阿皮什么时候也有"爱心"了？

芭芭拉抽泣着问："是……是手工的吗？"

阿皮答道："唔……算是我妈妈的手工吧，也很好看！"

"在哪儿呢？我也想看看。"奔奔比芭芭拉还好奇。

阿皮解开身上的绳索，用力抖了抖毛，退后几步，转过身去，问道："看见了吗？"

奔奔和芭芭拉没说话，静静地看着阿皮。"哇哈哈哈……"突然，他们俩一齐笑了出来。

"我头一次见驴屁股上长爱心的，可真奇怪！"芭芭拉笑个不停。

阿皮的屁股上长着一圈白毛，果然就是一颗"爱心"！阿皮第一次在"鼠来宝"照镜子的时候还吓了一跳，觉得自己的屁股怎么长得如此奇怪。现在他才知道，这个东西叫"爱心"，居然是爱的标志。

"我可不是驴啊，我是狍子阿皮！不管怎么说，弄坏你的衣裳是我们不好，这颗爱心赔给你行吗？"

"我要你的屁股做什么！"芭芭拉被逗笑了，"旧衣裳嘛……随它去吧！"

奔奔跳上树，问芭芭拉："那你是谁？从哪里来？到冰雪森林来做什么？"

芭芭拉吓了一跳，本能地跳到更高一层的树杈上。她在人类世界听过一个故事，说猫是老虎的老师，老虎的一切技能都是猫教的，但猫也留了一个技能，那就是爬树。这就是说，老虎应该是不会爬树的呀？芭芭拉暗暗松了口气，幸好自己没得理不饶，否则老虎发了威，自己哪里是他的对手！可这样看来，人类编的故事也太不靠谱了吧！

芭芭拉故作镇静地说："你们森林的家伙都这样打招呼吗？怎么谁见了我都要问这几句话！"芭芭拉被问得多了，回答也越来越顺，"我是纯正英国血统身份高贵的芭芭拉女伯爵，赏光来冰雪森林度假。森林里的新潮流就是我——时尚女王带起来的。小老虎这个造型嘛……还不错。"芭芭拉对奔奔的"北美红雀式"造型表示肯定，"可是驴子太土了，还不赶紧去打扮打扮，现在森林里谁还不做个时尚造型呢！"

"哦！"奔奔突然想起什么，"我说乌鸦导航员怎么变成肥喜鹊了呢！"他说得没错，乌鸦也赶时髦，在"狸猫记"做了个"吉祥喜鹊"造型。跟据拖泥·狸的研究，喜鹊在人类世界代表快乐和幸运，而乌鸦名声却不怎么好。

"芭小姐，"阿皮似乎不为所动，"再次声明——我不是驴。另外，时

50

尚是做什么用的？我如果变得时尚了，能飞吗？"

"飞飞飞，你就知道飞！除了飞，对别的东西就没兴趣吗？还有，我不姓芭，不要叫我芭小姐！在我们英国，名字在前，姓氏在后。"

"别的东西？反正我没兴趣。飞行是我的梦想，为梦想而努力，是最大的快乐！对吗，芭……哦，对不起，拉……拉小姐。"

树上的奔奔哈哈大笑："原来你叫拉芭芭……这时尚我可真搞不懂！"

"你们两个笨蛋真是无可救药！"芭芭拉开始气急败坏，"我姓温莎，全名芭芭拉·温莎！"

"好吧，温莎小姐，我们冰雪森林有最清甜的泉水，最干净的空气，既然来度假，就好好享受吧！"奔奔跳下树来，收起滑翔翼。

"森林的土地和阳光充满了能量，多住些日子，你的皮肤病说不定就能好起来。祝你美丽的毛发早点长出来！"阿皮和奔奔抬起滑翔翼，消失在森林里。

芭芭拉一时间没反应过来："皮……皮肤病？"阿皮竟然以为芭芭拉是因为得了皮肤病才把自己剃成半秃的。这可把芭芭拉给气坏了！即刻，她优雅全无，龇牙咧嘴地朝天空一阵狂叫："我讨厌你们！"

芭芭拉引以为傲的"手工"等于高品质吗？市场上"手工""手作"商品为什么比普通商品贵？

芭芭拉时刻不忘强调的"手工"，在生活中也很常见。留心观察就会发现，市场上很多商品都用"纯手工"来标榜自己品质优秀，而这些商品，价格通常也要高一些。这是什么原因呢？

对于一般商品来说，"手工"价格高主要是因为生产效率低。也就是说，同样的商品，手工生产要比机器生产消耗更多的时间。拿芭芭拉的刺绣外套来说，一个人可能要花费两个小时才能绣出一件，可是刺绣机器两小时可能绣几十上百件。可见，与其说手工商品价格高，不如说机器生产降低了商品的成本，同时让更多的人能够负担得起。

今天的现代化工厂设备先进，技术成熟，还有严格的质量控制，对于大多数普通商品来说，在正规工厂中用机器加工制作，质量是非常可靠的。特别是食品生产工厂，必须严格执行国家制定的标准，否则质量监督机构就会对工厂进行处罚。

可以说，除了传统手工艺品和奢侈品，大部分工厂产品不见得比"纯手工"质量逊色。纯手工商品之所以受到追捧，应该说更多的是一种反潮流时尚。

机器是什么时候开始取代手工的？工业有那么重要吗？

人类的历史虽然漫长，但是我们今天所拥有的便利生活，大约是以十八世纪中期发生在英国的第一次工业革命为起点，才慢慢发展至今的。在十八世纪以前，可以说世界上绝大多数商品都是"手工"制作的，原因很简单，因为根本就没有工厂呀！

工业革命将人类的历史带入新阶段，从那时起，无数科学家和技术工人致力于研究发明能够取代人力、畜力的生产制造方式，各种"机器"就是工业革命的产物，人类由此进入机器时代。机器制造极大提高了生产力，降低了生产成本，让许多原本稀缺或昂贵的商品变得普通，提高了人们的生活质量。

我们今天所享受的现代化便利生活，很大程度上得益于工业技术的进步。无论是对国家还是个人，工业都是非常重要的。

1

问: 芭芭拉为什么总是强调"手工刺绣"?

2

问: 手工制作的质量就一定好吗?

3

问: 假如我国农业生产和食品制造全部采用"手工"会怎样?

5 紫貂包包店

"芭芭拉风潮"给冰雪森林带来的影响简直超过了西伯利亚寒潮。简单说来，"芭芭拉风潮"就是"奢华风"，讲究武装到牙齿的精致，而且吃穿用度一律向最高标准看齐。芭芭拉作为备受人类宠爱的"猫贵族"，这样生

活当然没问题。可怕的是，在这种风潮的影响下，上到飞天的乌鸦气象员，下到挖地的兔子矿工，都把自己装扮得珠光宝气。

　　"风潮"虽然没吹到"森林三侠"身上，却着实给"鼠来宝"的生意带来了影响。357 从城市带回来的丝绸，本来是筑巢的好材料，无论是住地下城，还是树上城，用柔软的丝绸铺床，既舒适又透气。不过，丝绸终究是难得的稀罕玩意儿，所以价格比较昂贵，一般的森林居民会选择棉布，一样舒适，

并且物美价廉。芭芭拉来到森林之后，原本用棉布的居民，无论贫富，都改用丝绸了。357 进了好几次城，丝绸还是供不应求。城市老鼠发现丝绸紧俏，便开始涨价。"鼠来宝"也只好跟着涨价，可是价格上涨似乎也无法阻挡森林居民们的消费热情。那些收入不高的森林居民哪里来的钱购买昂贵丝绸呢？357 有点好奇。

森林居民们挑好丝绸，就直接到兔子霹雳的裁缝铺，要求做芭芭拉同款

外套。本来缝制围裙、桌布和被褥的霹雳，成功转型为时尚设计师。

同样受到追捧的，还有芭芭拉同款小挎包。冰雪森林里的姑娘们争先恐后地挤进紫貂小姐家里，想要定制一个芭芭拉那样时髦的小挎包。紫貂姐姐瑶瑶一直用桦皮制作结实耐用的购物袋，还从来没做过小挎包。为了满足姑娘们的需求，她将芭芭拉请来店里，想看看她的小挎包究竟是怎样做的。

"小心一点，可别给我弄坏了！我这个包包可是今年最新款式，纯手工高级定制，从巴黎运回来的，可贵了！"芭芭拉看见瑶瑶仔细研究她的包包，傲慢地提醒道。

瑶瑶认真地翻看着，芭芭拉挎包的手工的确十分精致。人类的巧手真是大自然的杰作，比起这小挎包，她更希望能拥有一双像人类一样灵巧的手。包包的配件也打磨得极为精细，严丝合缝，森林里恐怕没有这样的技术。最令她称奇的还是包包的材质，内层柔软，外层光滑，颜色均匀，质地细腻。这显然不是桦皮材质，那这究竟是什么材质呢？

瑶瑶研究包包时，妹妹琪琪则在研究芭芭拉。琪琪一对亮晶晶的眼睛里，满是崇拜的光。她羡慕芭芭拉精致的打扮，独特的香味，而且芭芭拉的体态是那么优雅，散发着贵族猫特有的气息。琪琪再看看自己和姐姐的样子，总觉得灰突突的，就是会被芭芭拉叫作"乡巴佬"的那一类。要是能像芭芭拉一样，有一身银灰里带点蓝光的皮毛就好了，再做个时尚造型，多么洋气啊！

芭芭拉不耐烦地说："喂，土妞，你转得我头都晕了，看什么呢？"

　　琪琪害羞地问："人类真的对你那么好吗？给你买这么多漂亮的东西，而你什么都不用为他们做？"

　　"那还有假？"芭芭拉得意扬扬，"他们爱我。爱就是无条件地付出，不求回报。被爱的那一方就是幸运儿，只要安心享受就可以了。"

　　琪琪没有说话，但眼里充满了向往。

　　"当然啦！"芭芭拉又补充道，"我偶尔也做些让人类开心的事，这样一来，他们还会加倍宠爱我，新鲜鱼罐头啦，电动玩具啦……恨不得把全世界的好

东西都弄来给我。"芭芭拉表演了几个动作，每次她这样做时，人类都开心得不得了。

琪琪问："那你是怎么遇见人类的？"

"这个我记不清楚了，那时候我还小。当时，我好像在一间透明屋里，周围人来人往的。有人从这里走过，发现了我，就把我带回家，从此便开始幸福生活了。"芭芭拉说的地方其实就是宠物商店。

琪琪还在问东问西，芭芭拉却懒得答了。

芭芭拉离开后，瑶瑶急匆匆地向"鼠来宝"跑去。她惊魂未定，迫切地想见到357。整个森林里最见多识广的就是他了，瑶瑶需要听听他的看法，以解开自己的疑惑。她到底发现了什么？

价格也有"弹性"？

在前面的故事中我们知道，供给和需求决定市场价格，而价格也会反过来影响需求。就像红毛狐狸的游乐场，门票贵一些，游客就少一些；门票便宜些，游客就多一些。

可是，为什么"鼠来宝"的丝绸涨价了，还是供不应求呢？可见，需求对价格变化的反应也是有差别的。在经济学中，常用"弹性"这个概念来衡量需求量对商品价格变动的反应。如果一种商品的需求量对价格变化特别敏感，那么这种商品的需求价格弹性就比较大，反之则弹性较小。

一般来说，生活必需品，特别是难以被替代的商品弹性小，也就是说无论价格怎样变化，我们都少不了它。比如食盐，不管它涨价还是降价，我们既少不了它，也不会拿它当饭吃，但没有别的东西能代替它。因此，食盐的需求弹性就很小。

反之，非必需品需求弹性就很大。比如漂亮的衣服、鞋子、文具等等，都属于有了挺好，没有也不影响生活。如果这类商品突然涨价，那你可以选择不买，或者买价格合理的替代品。

当然，许多商品的需求弹性并不是一成不变的。比如，流感季节来临时，口罩就会变成弹性较小的必需品。在我们的故事中，丝绸作为一种非必需品，它的弹性本来是很大的。可是当流行风潮吹来，大家都想要时，它的弹性居然变小了——即使不断涨价，大家还是要购买。这其实是一种非理性的行为。丝绸是必需品吗？当然不是，它与流感时期的口罩是不能相提并论的。所以在生活中，遇到因为潮流而变得越来越贵的商品时，你一定要思考一下，这种"需求"是不是理性的？跟风消费到底有没有必要？

问：城市老鼠为什么给丝绸涨价了？

问："鼠来宝"为什么给丝绸涨价呢？

问：哪些因素会影响需求的价格弹性？

6 警惕高利贷

紫貂瑶瑶匆匆钻进"鼠来宝"，看见"森林三侠"都在，她稍稍松了一口气。

"357，"瑶瑶小心翼翼地问，"你有没有亲眼见过，或者听说，别的森林里有蓝色的鹿？"

"蓝色的鹿？"357觉得瑶瑶的问题怪怪的。他和京宝、扎克对视一眼，他们也摇头。

"对，就是蓝色的鹿，天蓝、水蓝、湖蓝、冰蓝……什么蓝都行。"

"森林三侠"还是摇头。

瑶瑶继续追问："那么，绿色的兔子呢？"

"哈哈，这个我见过！"扎克笑道，"霹雳……霹雳在'狸猫记'染了个'凤梨头'，他的脑袋现在就是绿色的。"357和京宝也点头笑起来。

瑶瑶却没有笑，她向"森林三侠"倾诉了自己的恐惧："大家都想定做芭芭拉的包包，所以我跟她借来研究了一下，想看看它是用什么材料制成的。谁知我越凑近，越觉得气味奇怪。它虽然混入了别的味道，可我还是闻出来了，是鹿！鹿的味道！包上挂着的绿色小装饰好像是兔子毛！可是那包包里外都

是蓝色，毛球是绿色的，怎么可能有蓝色的鹿和绿色的兔子呢？"难怪刚才在店里，瑶瑶吓得魂不守舍。原来她发现，芭芭拉时髦的小挎包极可能是用鹿皮制成的！

"虽然我没有仔细看她的靴子，"瑶瑶继续说，"但那质地远远看去也差不多。既然没有蓝色的鹿和绿色的兔子，那我就放心多了……我还以为人类真的会用咱们的皮去做包包，吓死我了！"瑶瑶终于笑了。

可357却笑不出来了："瑶瑶，虽然没有蓝色的鹿和绿色的兔子，可是人类是非常聪明的，连狸拖泥都会给咱们的毛染色，人类难道不会给咱们的皮毛染色吗？"

"你是说……"京宝惊叫，"人类真的会用咱们的皮毛做衣服、做包包？"大家到底是太年轻了，虽然森林居民都知道，见到人类要立刻逃跑，但并不是每个居民都知道具体原因。

刺猬扎克又吓得团成一团，357安慰道："扎克别怕，你的刺太多，做不了衣裳。"

"这么说……"瑶瑶再一次紧张起来。

357严肃地说："嗯，应该就是了。"

原来芭芭拉时髦的小挎包真的是用鹿皮做的！瑶瑶难过极了，她一直用桦皮制作包包，一样结实耐用，而人类那么聪明，发明了棉布、丝绸，这哪一样不能做包包呢？为什么要用鹿皮去做呢？人类真是聪明,简直聪明得可怕！

瑶瑶失魂落魄地回到家，妹妹琪琪却兴冲冲地跑过来撒娇。

"爱是无条件的"？这么不讲理的话，哪是小琪琪能说出来的？这么快就被芭芭拉带坏了！瑶瑶很生气，不去理她。

"鼠来宝"这里刚送走瑶瑶，又迎来了狐狸歪歪和扭扭。看样子他们已经从破产的阴影里走出来了，还在"狸猫记"做了新造型，"蒸汽朋克"风格，样子怪异，而且比开游乐场一夜暴富那会儿打扮得奢华。他们是到"鼠来宝"来买丝绸的。

　　357 好奇地询问他们如何发的财，狐狸歪歪得意地炫耀："还记得猴蹿天吗？他可真是江湖侠客、大财主，他的钱可多了！"

　　京宝问："怎么，他的钱白送给你们花吗？"

　　"哪有那种好事！"歪歪答道，"不过也不坏，咱们森林里凡是有领地的，都可以从他那里拿钱花！"

　　357 仔细地询问缘由，简直快要气炸了！原来，那猴蹿天在森林旅馆里住下，发现森林居民对芭芭拉十分好奇，于是他趁机到处宣扬：芭芭拉是时尚偶像，芭芭拉的一切都是好的，是"洋气""时髦"的，要学习芭芭拉的穿着打扮、言行举止，否则就是"乡巴佬"！所谓的"芭芭拉风潮"，根本就是猴蹿天吹起来的！而他这样做的目的，竟然是为了放高利贷！

　　既要造型，又要打扮，还什么都要高档的，森林居民当然没有足够的钱。每到这时，猴蹿天就会以救世主的姿态出现，"勉为其难"地借钱给大家，说只要把领地作为抵押物，再往现成的合同上按个爪印，就可以了，等欠款还清了，领地还可以收回。在猴蹿天的鼓动下，不少森林居民都拿出自己的领地，换了金银贝，去追赶"芭芭拉风潮"。殊不知，猴蹿天只讲好处，不提风险，骗森林居民跳进了他设下的圈套！

　　357把这一切跟歪歪解释了一遍，歪歪却不以为然。

　　歪歪说："猴大侠是做好事呢！你看，领地只是抵押给他，我们还可以住，

他又没赶我们走。"

扭扭接着说道："等我们赚了钱，慢慢还清了借款，领地还是我们的，这有什么不好呢？"

357叹了口气："你们是怎么约定的？"

"立了字据，你看！"歪歪从包里掏出一张树皮纸，上面写着"蹿天金融服务公司抵押贷款合同"和各种霸王条款，下面一边是猴子的掌纹，一边是密密麻麻的狐狸爪印。看来狐狸家族集体同意，用领地做抵押，借钱赶时髦。

357拿起树皮纸仔细读起来，最终在大字底下，发现了一行比蚂蚁还小的小字。357拿来放大镜才勉强看清楚，他念道："贷款期限为三次月圆，贷款利息20%，复利计息；如乙方不能按期归还本息，抵押物归甲方蹿天公司所有。"

歪歪惊叫道："你不说我都没看见呢！这是什么意思？"

扎克吃惊极了："什么意思都不知道就按爪印了？！"

京宝说："意思就是说，三次月圆之后，如果你们不能连本带利地还钱，你们的领地就归猴蹿天啦！"

"什么？！"一提到领地，狐狸兄弟紧张极了！他们尝过没有领地的滋味，决不能让悲剧再次发生。

357说："利息20%的意思是，如果你们借了100枚银贝，那么就得还120枚。而且还是'复利'，也就是'利滚利'。那么算起来，三次月圆后就要还将近200枚，你们能还清吗？"

"怎么可能……借来的钱都赶时髦了，花了花了，没有了！"歪歪简直要哭出来了。

扭扭十分惊恐："猴蹿天是个骗子！他当时根本没说要还这么多！我们把合同撕掉！"

"你们肯定按了不止一次爪印吧？"

歪歪和扭扭点点头。

"所以猴蹿天那里肯定也留了一份合同，赖账是没用的。等合同到期，就要强制没收你们的领地啦！"357可不是吓唬他们。

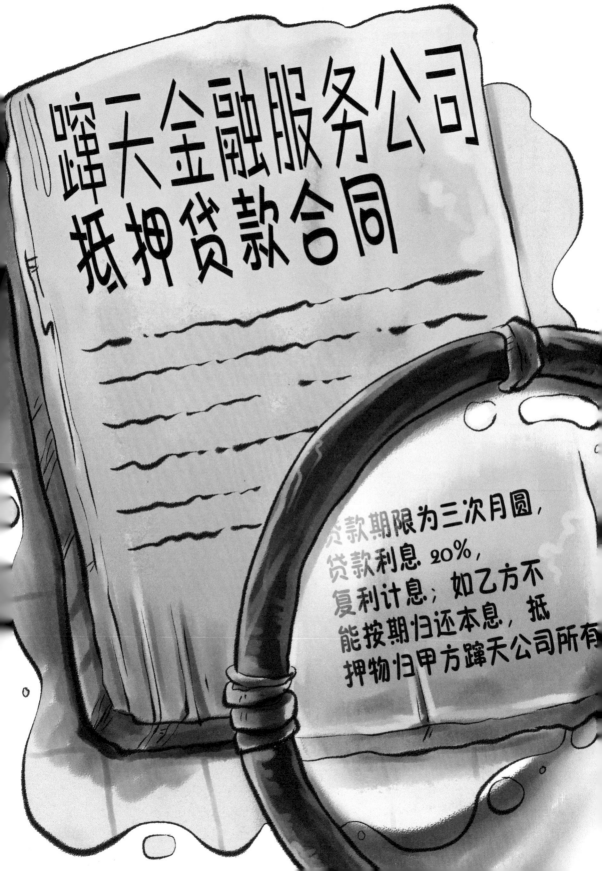

歪歪和扭扭丝绸也顾不得买了，收起银贝与合同，跑回去召开家庭会议了。357 想不通，同样的错误，他们怎么会一犯再犯。

　　京宝气道："我说一只小猫怎么就掀起这么大的妖风，原来是猴蹿天搞的鬼！"

　　扎克若有所思："难怪最近大家都成暴发户了，差不多的东西，非得都挑贵的买！"

　　"是啊，京宝、扎克！店里的顾客都是常客，咱们对他们的收入大概有数，突然花钱买又贵又没什么用的东西，一定是——"

　　"森林三侠"一齐叫了出来："跟猴蹿天借钱了！"

若果真如此，那麻烦可就大了！大家借来的钱都用来消费，根本没有收回的可能。假如大家手里的合同跟狐狸家族相同，那到了合同约定时间，冰雪森林里的大部分土地恐怕都要归猴蹿天了！这只狡猾的猴子！

不过，虽然猴蹿天鼓吹赶时髦和放高利贷十分可恶，但他毕竟没有逼迫大家去借高利贷。合同既然是森林居民自愿按的爪印，就难以惩治猴蹿天。轻而易举地被洗脑，签合同时疏忽大意，说到底是自己的问题。独立思考、审慎细心和理性消费是一种非常难得的品质，很可惜，那些被猴蹿天煽动，借钱也要赶时髦的森林居民，已将它们抛到了脑后。

利息是什么？借钱为什么要付利息？

假如我们要租借房屋，房屋的拥有者会要求我们支付房租——房租是房屋的使用费。同样的道理，借钱时，通常也应该向货币的所有者支付一些"使用费"，这个费用就叫作"利息"。

比如普通人在购买住房时，通常需要向银行"贷款"——也就是人们从银行借钱。我们使用了银行的钱，就需要向银行支付"使用费"，也就是"贷款利息"。所以向银行偿还贷款时，除了借出来的那一部分本金，还要多支付一部分贷款利息。

商业银行的利息水平（也就是"利率"）通常是由我们国家的中央银行——中国人民银行给出一个参考，再由商业银行根据自己的经营情况，来决定具体是多少。所以不同的地区，不同的银行，不同的时间里，利率也有高低变化，不是固定的。

高利贷又是怎么回事?

商业银行设定的利息水平不必与中央银行的参考值一模一样,可以在一定区间内浮动,但不会相差太多。可是"高利贷"就不管这么多了——高利贷是一种利息特别高的高息贷款,它就是我们常说的"利滚利""驴打滚""大耳窿"。听这些称呼就知道,高利贷不是好东西。向高利贷借钱,不仅"使用费"大大高于银行,如果借款人无法按时还钱,拖欠的利息也会被计入本金,连同原来的本金一起,继续被收取"使用费"。一段时间之后,借款金额有可能变成原来的好几倍,让人无法招架。在旧社会,百姓因为高利贷卖儿卖女、家破人亡的事情经常出现。

像高利贷这类民间借贷看似比银行借贷便利,暂时能解燃眉之急,但是利息极高,一旦开始,很难摆脱。

无论哪种形式的贷款,听起来似乎离我们小朋友的生活很远,可是,人的消费习惯却是长期形成的。即使你现在只有一些零花钱,也应当学会好好管理,量入为出,培养良好的消费习惯,避免将来陷入不必要的麻烦。

1

问：什么叫利息？

2

问：高利贷的主要特征是什么？

3

问：一个人向银行贷款 100 万元，总共要还款 105 万元。贷款利息是多少？

7 惹出大麻烦

乌鸦气象员挨家挨户地发布预警——北方的寒潮很快就要到达冰雪森林

了！357 听到这个消息立刻紧张起来，他开始打点行装，准备叫上奔奔进城。

京宝笑道："寒潮有什么可怕的，咱们冰雪森林的居民哪个不是耐寒高

手，什么时候要穿棉衣了？"

"现在还是这样吗？"357反问。他的话没错，比寒潮更凶猛的，是猴蹿天吹起的"芭芭拉风潮"。这股妖风把许多森林居民的毛都给"吹"掉了，在"狸猫记"把自己变成恐龙、鳄鱼、狮子、凤头鹦鹉等这些他们根本没见过的奇怪模样。森林居民的美丽毛发，无论颜色还是质地，都经过几百万年严酷气候的考验，是大自然和祖先共同馈赠的礼物。可惜，那么多森林居民仅仅因为几句"乡巴佬"，为了"时髦"这样一个理由，就轻率地剃去珍贵的毛发，把自己变成了陌生的样子。

眼前，寒潮即将夹冰带雪地袭来，光秃秃的皮肤披着轻薄的丝绸，该如何度过漫长的严冬？357正是想到这一点，才匆忙想进城去买些棉花，带回来给森林居民御寒。

扎克看着357，似乎并不着急。笃笃笃，是敲门声。"扎克在吗？'貛乐送'快递，请您签收！"咦？这个时候，扎克买了什么呢？

扎克打开"鼠来宝"的大门，两位体格健壮的貛子快递员扛着大包出现在门口，他们俩进进出出好几趟，才算完事。

"感谢选择'貛乐送'快递，服务满意请给好评！"貛子服务态度极好，扎克按上爪印，在快递单上勾选了"满意"。

357好奇地问："扎克，你买了什么东西？怎么这么多？"

"店里都快堆满了，快说呀扎克，是什么？"京宝跳上一个包裹，仔细地闻。

扎克不紧不慢地转身，用背上的刺划开一个包裹——哇！柔软的毛发泉水般地涌出来！

"扎克！你太聪明了！"357立刻明白了，这是从"狸猫记"理发馆回收的毛发。

　　"全部是上好的绒毛！"扎克得意地说。自从"狸猫记"开始营业，扎克就跟狸拖泥说好，要回收他店里的毛发。不过，剃下来的针毛一律不要，只收梳下来的绒毛。最近"狸猫记"生意大好，梳下来的绒毛自然多，满地的包裹里，就是森林居民做造型时，梳下来的绒毛了。

"哦，我明白了！"京宝叫道，"原来你是想把这些绒毛做成披肩，给大家御寒！"

　　绒毛披肩能帮助做过"造型"的森林居民们暂时抵御寒潮，可是向猴蹿天借的高利贷呢，要怎么解决? 总不能眼睁睁看着大家的领地被猴蹿天收走吧!

　　357 正在冥思苦想，突然，紫貂瑶瑶冲进"鼠来宝"，上气不接下气地喊道："不好啦! 琪琪……琪琪她离家出走了!"

"什么？！"京宝接过瑶瑶手中的树皮纸，只见上面写道：

亲爱的姐姐：

　　爱是无条件的，你不爱我。

　　我去城市里，找爱我的人类了。

琪琪

瑶瑶哭道："都怪我！琪琪想要丝绸外套，我买来做给她就好了！"

扎克安慰道："这不是你的错。咱们本来就不需要追赶什么'芭芭拉风潮'。是琪琪太任性了！"

"是啊！"京宝说，"芭芭拉说的那些话，本来我就不太相信，人类那么聪明，怎么会像她说的那样伺候她呢？琪琪迟早会明白，娇纵和放任，根

爱的姐姐：
爱是无条件的，
你不爱我。
我去城市里，
我爱我的人
了。

本就不是爱！"

"可是……人类世界那么危险，我总想起蓝色的鹿、绿色的兔子，琪琪她会不会……会不会……"瑶瑶的担心一点也不多余，在人类的世界里，紫貂的皮毛远比鹿皮和兔毛更加稀有！琪琪哪里知道，她嫌弃的"土气"皮毛，远比她所向往的丝绸珍贵千万倍！

357对于紫貂的价值再清楚不过，可是他不想让瑶瑶担心，于是安慰了她几句，让她回家等消息。357关上"鼠来宝"大门，转身对京宝和扎克说："猴蹿天和芭芭拉在冰雪森林里兴风作浪，是时候管管他们了！"

正好是黄昏时分，357冲到森林事务所，请熊所长召集森林居民开会议事。京宝和扎克请御林军把猴蹿天和芭芭拉也带到事务所。

芭芭拉听说紫貂琪琪跑到城市去了,吓得大叫起来:"天哪!这个傻东西!"

熊所长先问话:"猫小姐,我们对城市不熟悉,请问,人类会善待她吗?"

芭芭拉沉默不语,猴蹿天倒先回答了:"善待?哼!那要看她遇到什么人了。万一遇见的是恶人,估计她很快就会变成一件衣裳了!赶快去救她吧!"

熊所长不解:"什么意思?"

"对人类来说,紫貂皮毛可是最上等的皮草。像琪琪小姐身上那样年轻漂亮的皮毛,是可遇而不可求的!"

熊所长年纪大一些,他想起自己还是小熊的时候,冰雪森林的紫貂家族曾是非常兴旺的。后来不知什么原因,这个家族的成员突然越来越少了。芭芭拉的话勾起了他的回忆,他不禁渗出冷汗。

"可能是衣服的一部分,也可能是围脖、帽子,谁知道呢,那要看人的喜好了。"猴蹿天倒没有说谎,"我知道你们为什么叫我来,没错,这股风潮是我吹起来的,我也确实在森林里放了高利贷。我本来只是想收几块领地,在森林里安家,可我没想到,居然要伤及性命了。一猴做事一猴当,我认罚。不过我劝你们先想办法去救那小东西,否则下次见到她,可能已经被人类穿戴在身上了!"

芭芭拉在旁边不停地点头,看来琪琪的确处境危险。于是熊所长决定,组织一支精锐部队,连夜进城寻找琪琪。可是,城市对大多数森林居民来说都是陌生的,派谁去呢?

皮草是什么？它是新潮流吗？

"皮草"是指用动物皮毛制成的服装，具有保暖性，价格通常比较昂贵。

皮草的历史远比我们想象的要长。早在旧石器时代，靠狩猎和采集野果为生的古人类就用动物皮毛来保暖，不过那个时候，人类狩猎是为了生存，动物皮毛是狩猎的"副产品"，并且在其他材料出现以前，兽皮是御寒的必需品。

随着人类社会生产力的进步，人类的饮食变得丰富多样，棉、麻等纺织品的出现也给服装制作提供了选择。不过在封建社会中，动物皮草依然作为身份的象征，受到追捧。

从御寒的功能来看，动物皮毛的确有着非常出色的保暖性。比如今天生活在北极圈内的因纽特人，依然离不开兽皮制品。但无论是因纽特人，还是一些以狩猎为生的游牧民族，都非常注重生态平衡，他们在打猎时会控制时间和数量，并且主要选择动物种群中的老弱病残，极少伤害动物幼崽和怀孕的母兽，只有这样，人类和动物才能和谐相处，共同生存下去。

皮草这么贵，它是必需品吗？

如今，对于大部分人来说，皮草都不是必需品，而是奢侈品，消费者看重的是所谓时尚而非御寒功能。过多的需求会造成过度捕杀，许多动物因此濒临灭绝甚至已经灭绝。虽然现在人类已经意识到，为了自己的欲望而剥夺动物的生命是不道德的，但是因为市场上仍有需求，皮草制造业依然存在。虽然今天的皮草行业用养殖代替捕杀野生动物，尽量采用人道的方式减少动物们的痛苦，可是皮草的存在真的有必要吗？

人类已经发明出那么多高科技材料，不仅能够御寒，许多还防水、透气、耐脏，功能上比皮草优秀得多，人造皮草的样子也足以乱真。无论是为了功能还是美丽，皮草都可以被人工材料替代。人类虽然进化出聪明的头脑并创造出发达的文明，可人与动物却依然有许多相似之处，比如同样的血肉之躯，同样的恐惧感、疼痛感，同样脆弱的生命……如果人类能够平等地看待其他生命，也许未来动物们就不必牺牲生命为我们提供皮毛了。

问：皮草是必需品吗？

问：紫貂琪琪为什么认为姐姐不爱她？

问：古代人和游牧民族也打猎、穿兽皮，这和现代人穿皮草有什么不同？

8 超级大营救

"派老虎去。"猴蹿天似乎想将功折罪,主动献计献策,"我行走江湖的时候常听人说'虎口逃生'。只要老虎开了口,琪琪肯定能逃生!"猴蹿天又开始秀他的半吊子人话。

芭芭拉歪着脑袋:"这个词我也听过,可好像不是你说的这个意思吧?"

猴蹿天恼羞成怒:"那你说谁能去?那小东西离家出走,还不都怪你!"

芭芭拉倒镇静:"我愿意去,谁有本事谁跟我去!"

"我去！"老虎奔奔自告奋勇，"管他什么意思，'虎口'我有，而且我经常跟357进城，我不怕人！"

"你不怕人？"芭芭拉翻了个白眼，"那是你没遇见过坏人吧！告诉你，不光你的皮能做衣裳，连你的骨头都是药材，小心被捉去泡酒！"

奔奔忍不住打了一个寒战。

"那我呢？"狍子阿皮也愿意出力。

"你想泡酒还不够资格呢，顶多能做一盘菜。"芭芭拉说道，"还有你、你、你们，也不用逞英雄了，进了城搞不好都是要上餐桌的。"她指着兔子、狸子、獾子道，"你、你、你们也不行，要么做衣裳，要么做药材！"水獭、猞猁猫和鹿也被淘汰出局，"你嘛……拔了毛，做鸡毛掸子！"雉鸡也被她吓坏了。

芭芭拉转身看到贝儿和熊所长他们似乎想毛遂自荐，干脆先泼起冷水："熊先生们也免了吧，你们的熊掌和胆汁可一直被坏人惦记着呢！"

芭芭拉声情并茂地一番描绘，还用爪子比画，吓得在场的森林居民一声不吭，有的还哆嗦起来。

扎克勇敢地站出来："那我呢？"

"你嘛……虽然不会被吃掉，可是你的刺会被拔下来……做牙签，或者……把你绑在棍子上，用来……用来刷马桶。"看来芭芭拉对人类世界也是一知半解，若真是这样，恐怕刺猬早就灭绝了。

"那就我去吧！"扎克很坚定，"不管是拔几根刺，还是被绑起来刷

马桶，总不至于要命，我进城比大家安全些。"扎克平时动不动就吓得缩成一团，此时却愿意为伙伴冒险。

"我们肯定跟扎克一起，'森林三侠'永不分离。"京宝、357 决定和扎克一起去。

"我也去！"瑶瑶也要去救妹妹，"就算被人捉住，大不了和妹妹一起被做成衣裳！"

气氛有些悲壮，熊所长连忙发话稳定军心："我们不能放弃任何一位居民，但也不能让大家去冒险。'森林三侠'体形小，在城市里行动方便，可以加入，由猫头鹰部队护送你们进城，只需探明琪琪的位置即可，然后立刻返回森林，咱们再制订具体的营救计划。"熊所长的策略是正确的，营救计划需要周密的部署，仅有冲动和一腔热血，除了令自己也身陷险境之外，并没有什么实际的作用。

"对！"大家都赞成熊所长的计划，"咱们集体行动就不害怕人类！"

猴蹿天撇撇嘴，芭芭拉叹了口气，不知道他俩什么意思。

"你干的好事！"熊所长一脸威慑地盯着猴蹿天，"等救出小琪琪，再来收拾你！"

猴蹿天吓得赶紧赔笑脸："熊大人别生气，我也愿意为救琪琪出力！"

为了将功补过，猴蹿天也跟着瑶瑶、芭芭拉和"森林三侠"连夜进城。

然而，要探明琪琪的位置谈何容易！城市那么大，人那么多，有谁会注意到一只紫貂呢？如果她已经被人类捉住，三街九巷，千门万户，哪里才是她被困的地方呢？357他们乘着猫头鹰降落在树上，看着万家灯火，车水马龙，竟毫无头绪。

猴蹿天到底行走过江湖，对城市毫不陌生。见357没有主意，便带着大家钻进街心花园。只见猴蹿天爬上路灯，双腿钩住灯柱，两只手臂在灯光下颇有章法地比画着，口中打起节奏，一张嘴堪比整套锣鼓班子，大家无不啧啧称奇。猴蹿天耍宝结束，花坛里钻出一队松鼠，有七八只，行动整齐划一，训练有素的样子。

357 问京宝："是你的亲戚吗？"

"我看，是你的亲戚吧……"京宝可不是要吵架，那队松鼠的确样貌奇怪，尾巴不像京宝一样翘着，也不住在树上，而是从地下钻出来的。

猴蹿天跳下路灯打招呼："各位，好久不见了！"

松鼠们一齐抱拳回礼，又自然分成两队，一字排开。又一只松鼠从花丛中踱步出现，他体形消瘦，清秀儒雅，但派头十足，极有威严。

猴蹿天毕恭毕敬地说道："拜见杜花生杜先生！"

357 忽然明白了，原来这些"松鼠"就是传说中的城市地下特工。可既然大家都是老鼠，干吗要打扮成松鼠呢？

杜花生十分斯文，不像一呼百应的特工队长，倒像位教书先生："猴大侠，好久不见了。你看我给大家置办的新行头如何？"

"高，实在是高！"猴蹿天恭维道，"有了这身衣裳，行动就方便多了！"地下特工们装上假的松鼠尾巴后，即使白天过街，也不再被人人喊打了。京宝眼睛瞪得老大，他这才知道，自己在城里还挺受欢迎。

猴蹿天说明来意，杜花生表示"小事一桩"。他一个手势，"松鼠"们便向四面八方散去。

地下特工拥有遍布全城的消息网，他们对人类的一举一动可谓了如指掌。不多时，特工们就锁定了郊区的一栋大别墅。357他们对特工们的办事效率惊叹不已，猴蹿天送了一枚金币给杜花生表示感谢。

"举爪之劳，何足挂齿。"杜花生十分仗义，还派了一位"松鼠"特工带路。

当他们即将到达别墅时，大家突然发现芭芭拉不见了！可情况紧急，顾不上找她。357决定独自潜入别墅，确定琪琪的具体位置。

别墅大厅里，357不小心被一只锋利的爪子绊倒，惊慌失措中，发现那居然是一只威武雄鹰的爪子，可惜雄鹰已经被拆去了骨肉，身体里填满棉麻，成了一具漂亮的标本。这令357既惊恐又难过。不过他肩负任务，只能强迫自己振作精神。终于，在地下室的笼子里，357找到了琪琪！

"357，是你吗？带我走357！我……我好想家，想姐姐，想你们每一个！我不要人类的宠爱了，我想回冰雪森林！"琪琪一见到357，就拉住他呜呜地哭起来，"别墅女主人的包包，都是用伙伴们的皮做的！她的外套，我也看见了，上面至少趴着几十只我的同胞！她的衣柜里，还有用伙伴们皮毛做的大衣……可别墅男主人说，它们都没有我好看，他要把我做成毛领子，送给女主人！我好害怕啊……"

"嘘——" 357 压低声音，十分谨慎，"别怕，我们会救你，瑶瑶也来了，她就在外面。"

"啊！姐姐也会被做成毛领子的，这里很危险！"

"她当然知道危险，但是为了你，她说什么都不怕。"

琪琪沉默了，一瞬间，她好像明白了什么。

357 趁机仔细观察了别墅的结构，记下各种细节。很快地，他已经对未见面的别墅主人有了些了解。

有人声传来，357 赶紧回到院子里，和同伴们商量对策。

"事不宜迟，来不及回森林通知熊所长了，咱们得马上想办法营救。" 357 当机立断，"再晚一天，琪琪可能就要变成毛领子了！"

357 在别墅里闻到了熟悉的气味，和芭芭拉身上的香味简直一模一样；原来这股香气来自人类祭祀用的香火，混杂了各种花木的气味。别墅里到处摆着神像，再看墙上，密密麻麻地挂着各种动物的标本，还有象牙、犀牛角……357 愤怒极了："残害了这么多生命，哪路神仙也护佑不了你们！"

357 决定，干脆就利用别墅主人的心理来救琪琪。他将大家聚在一起，详细部署了"声东击西"的妙计。

野生动物保护与偷猎者

为了保护野生动物，拯救珍贵、濒危野生动物，维护生物多样性和生态平衡，我国早在二十世纪八十年代末就颁布了《中华人民共和国野生动物保护法》。根据这部法律，不仅猎杀国家保护的野生动物属于犯罪行为，收购和食用国家保护的野生动物同样也是犯罪行为，将会受到法律的严厉制裁。

不仅在中国，世界上许多国家都严厉打击和制裁猎杀野生动物的行为。可惜，无论法律法规如何严厉，世界范围内偷猎和买卖野生动物的行为依然存在，许多野生动物因此濒临灭绝或已经灭绝。

从科学的角度来看，野生动物通常并不比一般家畜更有营养，它们的骨骼和器官也没有传说中那样神妙的药效，它们的皮毛更不见得比棉花、人造材料等都保暖。所以，若说猎杀野生动物能给人类带来更多实际益处，实在令人难以信服。其实偷猎者所追求的，多是财富罢了。

野生动物保护者们有一句口号，叫作"没有买卖，就没有杀害"。其中的关键其实在"买"。假如人们能够放弃不切实际的追求和欲望，不消费任何野生动物产品，那么偷猎者就得不到利益，非法捕猎自然也就越来越少了。

人类祖先对待野生动物与今天应区别开

对人类的祖先来说，大自然是既神秘又可怕的。原始人类从风雨雷电中感受到自然蕴含的无穷力量，从草木鸟兽身上感受到勃勃生机，他们渴望自然能够赋予自己丰富的食物，希望能够预知变幻莫测的天气，避免灾害的发生。原始人类对自然的这种复杂感情，其实是一种原始的崇拜心理。这种对自然的崇拜逐渐变得具体化，于是选择某种自然物品作为寄托，希望从中获得智慧或力量，并且逢凶化吉。原始人类的许多器物、图腾，都是自然崇拜的产物。

如同熊作为自然界力量的王者，曾是许多部落和民族的崇拜对象。但很显然，无论吃熊掌、穿熊皮还是把熊的标本立在家里，人类都不可能拥有熊的力量。自然崇拜是人类的一种心理现象，崇拜自然就应当尊重和爱护自然，而不是破坏和毁灭它。

1

问：吃熊掌、喝虎骨酒，就能拥有熊和虎的力量吗？

2

问：不去猎杀，只是购买和食用国家保护野生动物可以吗？

3

问："没有买卖，就没有杀害"这句口号藏着一个经济学原理，你发现它是什么了吗？

112

9 攻打大别墅

坏人真可怕！温顺如羚羊，勇猛如老虎，飞天的雄鹰，潜水的鳄鱼，全都死在他们的欲望之下。即使隔着窗子，大家依然看见别墅阔气的大厅里到处都是动物的标本，还有牙和角。他们不寒而栗，又怒火中烧，恨不得冲进去跟住在里面的坏人拼个你死我活。

357 提醒大家："别忘了，咱们是来救琪琪的！"

没错，越是愤怒，越要冷静。

357的计划是利用别墅主人的心理，摆一个"迷魂阵"，明修栈道，暗度陈仓。也就是说，一边吸引他们的注意力，一边偷偷进屋去救琪琪。

　　营救开始！

　　跟随他们而来的"松鼠"特工召集了一群乌鸦挺身相助，他们在院子里飞来飞去，高声叫喊。霎时间，气派的别墅院子里充满了诡异的氛围。等别墅主人被这"黑云压顶"的场面吸引到窗前时，猫头鹰御林军用绳子吊起瑶瑶，慢慢地降落在窗前。窗子里

的人看不到头顶的猫头鹰，只看见瑶瑶伸着双臂，从天而降。与此同时，房顶的猴蹿天施展起他的声音绝技："我是你衣橱里的冤魂，客厅里的标本，我好痛！还我皮毛！还我命来！"他一会儿学紫貂哀嚎，一会儿学狐狸啜泣，一会儿学雄鹿长鸣。他的声音凄厉无比，令听者脊背发凉，就算没做过亏心事，也不免被他吓到。

扎克举着一对树枝做的"鹿角"，从窗前吊了下来，在黑暗中，简直与雄鹿的头骨没什么两样……窗前的两个人早吓得抱头痛哭，嘴里一会儿阿弥陀佛，一会儿各路神仙，不停地叨叨。

猫头鹰捕头暗自佩服猴蹿天的本领，能用动物的声音说人话，真是闻所未闻！

与此同时，357和京宝已经偷偷潜入地下室，想办法打开笼子，将琪琪救了出来。京宝跳上树梢，发出收队信号。

行动成功了，大家当然高兴，却又觉得心里堵得难受。也难怪，眼前这两个人，看起来富贵又体面，可谁能想到，他们竟是动物杀手呢？房子、车子和名牌珠宝竟还不能满足他们的虚荣心，非要用剥夺动物的生命来彰显与众不同吗？

"代表森林惩罚你！"猴蹿天爬到房顶上，拿烟囱当厕所，小惩大诫。猫头鹰部队和乌鸦们，也发起了一轮密集的"空中轰炸"。剥夺其他生命来满足私欲的人，只配收到这个！

看见琪琪被救出，"松鼠"特工抱拳行礼道："后会有期，告辞了！"然后便纵身一跃，乘着一只乌鸦，瞬间消失得无影无踪。

烟囱上的猴蹿天以为大家把他给忘了，只好自己翻筋斗撤退。屋檐到树丛有些距离，看来他是太着急了，还没踩稳就起跳，在空中慌作一团。眼看他就要摔到围墙的尖刺上时，两只猫头鹰及时赶到，精准地抓住他的双脚，猴蹿天被大头朝下地捞了起来。

成功被救的琪琪趴在猫头鹰捕头的背上，回头望着那豪华却恐怖的别墅，再望向远方，在秋风中如大海一般波澜壮阔的冰雪森林。原来全世界最华美的衣裳，就穿在她身上；天地间最可贵的爱，一直在她身边。姐姐和小伙伴们冒着生命危险，将她从坏人手中救出来，芭芭拉所骄傲的、用金钱堆砌的"宠爱"，根本无法与之相提并论。琪琪紧紧抱住猫头鹰捕头，她再也不要离开

冰雪森林，再也不要离开姐姐和伙伴们。

"喂，两位大哥！"猴蹿天喊道，"能不能换个姿势，我的脑子充血啦！"

357回头望去，猴蹿天还保持着大头朝下的姿势，倒悬在空中前行。

"我们也代表森林惩罚你！"两只猫头鹰狡黠地一笑，异口同声地回应他。看来，他们也知道猴蹿天放高利贷的事了。

"喂——慢点……救命啊……请……稍等……"猴蹿天就这样被大头朝下地拎回冰雪森林，空中回荡着他的求饶声。

当357一行带着琪琪在森林事务所降落时，森林居民们发出了震耳的欢呼声。可是，听京宝讲完营救的过程，大家又都沉默了。

瑶瑶惊魂未定地说："人类那么聪明，发明了各种御寒的方法，有那么多很好的防寒材料，为什么还要剥我们的皮毛去做衣裳？"

听到这话老虎奔奔也害怕起来："我们一旦没了皮毛，也就没命了呀！"

"人类这么可怕，芭芭拉还说他们爱她呢……咦？芭芭拉怎么没跟你们一起回来？"阿皮最先发现芭芭拉不见了。

猴蹿天朝林子里喊道："出来吧，小猫！"

只见芭芭拉蹑手蹑脚地从树上跳下，她畏畏缩缩的，完全没了原来的神气。

大伙儿小声议论着："哼！都怪她！"

"还是怪我！"猴蹿天被吊得头晕目眩，却还有些侠气，"芭芭拉只是爱炫耀，那些歪风邪气主要是我借机吹起来的，我想赚点钱……嘿嘿！"

瑶瑶生气地问芭芭拉："你说人类那么宠爱你，你的生活那么幸福，那

你干吗不留在城市里，又回到森林来做什么？"

京宝道："回答这个问题之前，或许我们应该先请芭芭拉诚实地回答，琪琪被困的大别墅，是不是你在城里的家？"

"什么？！"大伙儿瞬间惊呆。

芭芭拉低头不语。

"绝对没错，我跟 357 进去救琪琪的时候，别墅里到处都是和芭芭拉身上一样的味道。"京宝望着琪琪，她也点头，"别墅里还有许多芭芭拉的照片，和她用过的玩具。"

"哦，原来你是和你的人类主人合伙来欺骗我们，想把我们都骗进城市去，用我们的皮毛做衣裳，用我们的骨头泡酒，对不对？！"一时间群情激愤，大伙儿一步步地逼近芭芭拉。

　　357抬抬手，示意大家安静："大伙儿先别激动，依我看，这倒是冤枉她了。如果我没猜错，芭芭拉并不是来咱们森林度假，而是被她的人类主人遗弃了，对吧？"

　　森林居民再次发出惊叹，芭芭拉垂着脑袋，点了点头。

　　芭芭拉不是血统高贵的英国贵族折耳猫吗？怎么会被人类遗弃呢？

什么是"虚荣心"？它有什么表现？

还记得芭芭拉刚来到冰雪森林时的样子吗？她炫耀自己的穿着打扮，吹嘘人类如何宠爱她，说自己只是来森林度假……唯一没有说的就是事实——她被遗弃了。她为什么要对森林居民们说谎呢？

其实，芭芭拉是害怕大家瞧不起她，她太在意别人对她的评价，所以想通过炫耀的方式，获得大家的认可。这是"虚荣心"的表现之一。

"虚荣心"是人的一种心理状态，常常表现为盲目炫耀、攀比、过分在意他人的评价、急于表现自己的优秀或与众不同。

其实，想要获得他人的关注、展现自己的优点、适当的争强好胜、获得同伴的尊重……这些心理需求是十分正常的，是"自尊心"的体现。"虚荣心"与"自尊心"的区别，就在于这个"虚"字，它常常不是靠真才实学，也不关注事实和内在，而是用虚假甚至错误的方式，盲目炫耀和攀比。

对于我们来说，自尊心是必备的，适当的虚荣心也无伤大雅。不过，为了满足虚荣心而盲目炫耀、攀比，或者放弃踏实努力，想要依靠吹牛来获得他人的尊重和认可，那可是绝对要不得的！

不要被自卑感打败！

紫貂妹妹终于逃出来，我们可以松一口气了。现在回想一下，她是怎么让自己身陷险境的？噩梦是从哪里开始的？

对了，琪琪因为羡慕芭芭拉精致的打扮和漂亮的外貌，就开始讨厌自己的样子和现有的生活。在心理学上，这种与他人比较时，产生的自我轻视的情绪体验，通常被称为——"自卑感"。正是这种负面情绪影响了琪琪的思考，使她一心只渴望得到自己没有的东西，反而忘记了自己拥有什么。琪琪的问题在于，她没有正确认识到，她和芭芭拉是完全不同的个体。

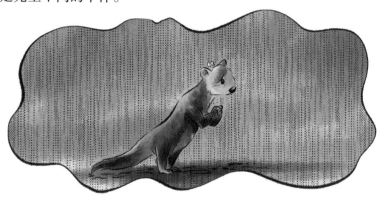

即使你非常聪明优秀，在学校里、在更广阔的世界中，总会遇到比自己更聪明、更努力、更优秀的人。如果此时你因为自己不如别人而感到失落、挫折、悲伤，这是十分正常的。一些心理学家的研究认为，人的自卑感源自婴儿时期，也就是说，无论多么优秀的人，都难免在某一时刻产生自卑感，所以不必为此感到困扰。千万不要使自己被负面情绪绑架，陷入消极、自暴自弃、嫉妒、怨恨等情绪的黑洞里，那样你就被它打败了！我们应当勇敢地面对负面情绪，正确地处理它。我们可以积极地面对自身的不足，向优秀的人学习，将自卑感变成动力，不断地给自己鼓劲儿加油！

1

问：芭芭拉明明被主人遗弃，却骗大家说是来度假的，这是为什么？

2

问：为了在运动会上取得好成绩而拼命努力锻炼，这是虚荣心的表现吗？

3

问：自己某一方面不如别人，情绪低落，于是想：干脆放弃吧……这可以吗？

10 芭芭拉的坦白

357看着芭芭拉说道："我看见那座别墅里，到处都是人类为即将降生的婴儿准备的用品，我想，别墅女主人应该是快要生宝宝了吧？"

"是的！"芭芭拉低着头小声说，"他们听人说，我很可能会影响宝宝的健康，商量着要把我送到收容所里去。可我听说，一旦进了收容所，很快

就会死掉。我是因为害怕，才逃出来的……我骗了大家，对不起！我已经一无所有，再也不会有人爱我，打扮我了……"果然，越是内心胆怯，就越喜欢虚张声势。芭芭拉不仅被人类安排了出生，还差点被安排了死亡，身世的确可怜。想到这里，森林居民们也不忍心再责怪她了。

"其实，我好羡慕大家，不必讨好谁，也不必看谁的脸色，靠自己的本事，在森林里自由自在地生活……"放下了傲慢的态度，真诚的芭芭拉其实挺可爱，"我虚张声势、傲慢、炫耀，是因为……因为我很自卑，怕大家瞧不起我。我不知道爸爸妈妈是谁，也不知道兄弟姐妹在哪里，一出生就被人类带走了。可是，他们现在也不要我了……我再也不是雍容华贵的时尚女王芭芭拉了，你们也不会喜欢我了……"芭芭拉哭得很伤心。

琪琪默默地走近芭芭拉，摘下她身上的珠宝首饰，脱掉她的丝绸外套。瑶瑶以为琪琪要教训芭芭拉，出口恶气，刚想劝她，没想到琪琪温柔地说："别灰心，芭芭拉小姐。雍容华贵，时髦洋气，这些东西一点都不重要。"

芭芭拉眼泪汪汪地看着琪琪。

琪琪说："我以前真的很羡慕你，我也曾经觉得，那些东西很重要，如果没有，简直太不幸了！可是，当我被人类捉住，差点没命的时候，是靠357和大家的智慧、勇气，是靠姐姐的爱，才把我救出来的。"

"喂喂，还有猴大侠精彩绝伦的口技！"猴蹿天学着琪琪的声音提醒道，大家都被这猴子逗笑了。琪琪这次有惊无险，猴蹿天的确功不可没。

琪琪点点头："我已经明白了，什么才是世界上最珍贵的东西。你呢？"

琪琪的一番话让大家对这个小家伙刮目相看。是啊，如果头脑中没有智慧，心中没有勇气和爱，即便拥有再多美丽的衣裳、华贵的珠宝，也依然一贫如洗。因为欲望是无穷无尽的，没有的时候想要拥有，拥有之后还想要更多。就像大别墅的主人那样，当普通的奢侈品无法带来更多快感的时候，就会用极端的方式，刺激自己空虚的心灵。

　　"琪琪说得对！""芭芭拉，打起精神来！""在冰雪森林重新开始，要靠自己！"大家纷纷鼓励芭芭拉。

　　熊所长同意芭芭拉留下来，可前提是必须找份正当的工作，不能像猴蹿天那样，靠歪门邪道赚钱。猴蹿天一听，马上掏出一大把贷款合同，撕了个粉碎，承诺只要归还本金，绝对不抢大家领地。刚刚听熊所长讲明白什么是高利贷的居民们这才松了口气。

　　"可是，我除了吃喝玩乐，什么也不会啊……哦，对了！我上过猫学校，我是捕猎高手，从前院子里的松鼠啦、老鼠啦，还有各种鸟，我都能捉到……"

　　听到这话，"森林三侠"和别的小动物们立刻躲开了她。

　　芭芭拉委屈地说："放心，我不会伤害大家，可……可我真的没有其他本领了呀！"

　　这时候，狸拖泥突然笑起来："谁说没有！别看轻自己嘛！"狸拖泥转身对熊所长说道，"熊所长，我愿意请芭芭拉小姐来'狸猫记'做形象设计顾问。不过……芭芭拉小姐，"狸拖泥又看向芭芭拉，"您能不能设计些不用剃毛的造型，冬天来了，我有点冷。"为了显瘦差点把毛剃光的狸拖泥在风中瑟瑟发抖。

芭芭拉笑着点点头，有了工作，她就能靠自己独立生存了。大家也同意她留下来，芭芭拉有家了。

"差点忘了！"扎克听见狸拖泥说冷，突然跳起来道，"各位！'鼠来宝'即将推出绒毛披肩，需要的小伙伴请来我这里预订。"

西伯利亚寒潮马上就要来了，对于那些为了赶时髦而剃光自己毛的森林

居民来说，绒毛披肩无异于救命稻草。扎克的这个消息令大家开心极了，大家即刻排起队要求测量尺寸。

京宝笑着过去帮忙："扎克也太敬业了，这个时候还不忘做广告。"

357看着大伙，若有所思：为什么猴蹿天三言两语，芭芭拉几句炫耀，就能让森林居民们方寸大乱呢？他们把自己打扮得奇形怪状，借钱去买并不需要的东西，去追潮流、赶时髦，似乎打扮成芭芭拉的样子，就能获得人类

的宠爱一样。其实只要冷静下来想一想，就会明白那些东西根本就没那么重要，而且盲目跟从是多么愚蠢的一件事情呀！若不是琪琪身陷险境，差点没了命，恐怕大家还在做时髦梦呢！坚持自我，不受外界影响果然不是件容易的事，可是怎样才能做到呢？

　　"你说，用绒毛来修补滑翔翼好不好？"阿皮并没有赶时髦，奔奔也只

是做了个"北美红雀式"发型。现在，他的皮肤上已经自然地生长出细密的绒毛，

对他们来说，冬季一点也不可怕。

"笨蛋，那不比棉布还漏风吗？你还没摔够啊！"奔奔和阿皮有说有笑，

勾肩搭背地离开了。

对啊！357看着阿皮的背影，还有忙着给大家量尺寸的扎克和京宝，他

忽然间想通了——找到自己真正热爱的，为它倾注所有的热情，向着目标，无所畏惧地前进，就能拥有独立的精神和坚强的内心，同时收获无尽的快乐！就像狍子阿皮那样，无论西伯利亚寒潮还是芭芭拉风潮，什么也无法动摇阿皮的飞行梦。他坚强、执着又乐观，百折不挠，排除一切干扰，简单而快乐。森林居民们都说阿皮是"傻狍子"，其实他才是冰雪森林最有智慧的居民！

内心的自由和快乐，不就是这么简单吗？

　　那些身外之物，可能轻易获得，也可能轻易失去，只有独立的精神和坚定的理想，才能谁也抢不去、夺不走。森林里，天地间，也许这才是最宝贵的财富吧！

财富是好东西吗？应该如何看待金钱？

　　每个人都可以在合乎法律和道德的前提下，依靠自己的劳动创造财富，这是件值得骄傲的事情。钱可以换来我们生活所需的物质，比如衣食住行；钱也可以带来精神愉悦，比如旅行、看演出。正因为如此，许多人都想要获得更多的财富。财富本身没有好坏，重要的是，如何获得它，以及如何使用它。

　　一个人对财富的态度，反映的是他的金钱观。中国人常说，"君子爱财，取之有道"。除此之外，还应当"用之有度"。人应当做金钱的主人，正确地使用它，而不是做金钱的奴隶，受它的驱使。

财富越多，人就越快乐吗？

假如这是真的，那请你想一想，为什么在中国历史上最困难、最危险的时期，总有许多侨居海外的中国人，愿意放弃高薪和舒适富足的生活，回到祖国的怀抱呢？

当一个人从贫穷到富有，随着财富的增加，确实极可能感到越来越幸福。不过，财富与快乐共同增长却是有一定限度的，也就是说，当财富积累到一定程度时，更多的钱便无法带来更多的快乐。无论多么好的东西，也会有令人麻木或厌倦的一刻；钱也是如此。

故事里大别墅的主人大概就到了这个阶段，他们住上了洋房，开着豪车，拥有数不清的昂贵物品。可惜财富没能使他们获得内心的平静，他们反而用残忍的方式来炫耀自己的财富。这些行为恰恰显出他们内心的空虚，不仅不能令自己更快乐，也很难获得他人的尊重。

生活中也有许多人，依靠智慧和勤奋获得财富，并且善用财富，帮助他人，不仅收获了幸福感，也获得了内心的平静和满足。可见，与财富相比，正直、善良、高尚的理想……这些听起来似乎不相干的东西，虽然无法直接改善人的物质生活，却能在精神上给人带来更高层次、更加持续的愉悦感和幸福感。

1

问：大别墅的主人那么有钱，值得我们羡慕吗？

2

问：人越有钱就越幸福吗？

3

问：获得财富的方式重要吗？

小词典

效用

消费者对消费或投资满足程度的度量。经济学一般认为，人的决策准则是效用最大化。

时尚

一种社会心理现象，它反映了人类的好奇心和追求新鲜事物的本能，同时也是人类从众行为的一种表现。

弹性

经济学中的弹性衡量的是一个变量的改变在多大程度上影响其他变量。

虚荣心

一种心理状态，通常借由炫耀、吹嘘等方式，获得他人关注和认可。

自尊心

一种自我接纳、自我尊重的意识。认为自己有价值、值得尊重，但也能够接纳适当的批评。

自卑感

心理学概念，指因轻视自己而产生的情绪体验。

利息

在一定时期内，货币持有者向货币所有者支付的使用费。

利率

一定时期内，利息金额与借款、存入或借入金额（称为本金总额）的比率。

高利贷

一种民间借贷形式，通常以向借款人索取极高额的利息为特征，属于违法行为。

中华人民共和国野生动物保护法

我国法律之一。法律规定猎杀、收购和食用国家保护的野生动物属于犯罪行为。

"效用"这个概念有什么用？

我们已经知道，"效用"衡量的是某种物品或行为给人带来的满足程度。不夸张地说，"效用"这个概念，为我们提供了一种新的看问题的角度。

举个最简单的例子，我们在做决策时，常常反复考虑之后还是犹豫不决：该不该买呢？该不该去呢？该不该做呢？现在你有了"效用"这个好用的工具，就可以简单问一问自己，某样东西、某件事情的"效用"如何，并且如何排序。

经济学家们认为，大多数人的行为准则是为了获得最大的"效用"。简单来说，人通常会以获得最大满足感、幸福感为目标来做决定。下一次面对选择时，你可以试一试，从"效用"的角度来衡量选项，看看有什么不一样。

既然效用是以自我感受作为衡量标准，这就表示，同一事物在不同的人看来，其效用可能是千差万别的。所以，假如你特别喜好什么，你也要接受别人不喜好的事实，而不应该轻易以自己的标准去评价他人。同样地，如果学校里风靡什么，而你偏偏不喜欢、不想跟风，这

也是十分正常的，不必觉得自己有什么不对。

除此之外，效用还有一个很有趣的特点，那就是到达一定程度之后，它会变得越来越不明显，这叫作效用的"递减原理"。举一个简单的例子，给你一个机会，让你把最喜欢的食物一次吃个够。你会发现从某一时刻开始，吃得越来越多，可满足感和幸福感却不如一开始那样强烈了。吃到最后，说不定还感到恶心，再也不想吃了。你看，"效用"就是这样，不仅对每个人都不同，对你自己也不总是一样。它不仅会由大变小，甚至可能变成零或者负数（越吃越恶心，就相当于"负效用"）。

中国古人提倡"君子寡欲"，就是告诉我们要节制欲望。明白"效用递减"原理，你就知道这是为什么了。再好吃的东西，也别吃个没完，懂得适时停止，不仅有益健康，也能保护你对食物的兴趣。同样道理，适当地节制欲望，一方面能够使人不受物欲的驱使，一方面也能够保护你的满足感。无论多么喜欢的东西，一旦变得稀松平常而且没完没了，也就没那么令人快乐了，不是吗？

图书在版编目（CIP）数据

森林商学园. 紫貂什么都想买 / 龚思铭著 ; 肖叶主编 ; 郑洪杰, 于春华绘. -- 北京 : 天天出版社,2021.6

ISBN 978-7-5016-1711-1

Ⅰ. ①森… Ⅱ. ①龚… ②肖… ③郑… ④于… Ⅲ. ①财务管理—少儿读物 Ⅳ. ①TS976.15-49

中国版本图书馆CIP数据核字(2021)第075291号